내사랑 콘크리트

한천구 지음

"인생 65년, 콘크리트와
인연 40년"

콘크리트와 관련한 연구 40년,
남들은 학문적으로 많은 것을 다 알 것 같이
생각할지도 모르겠다. 그러나 내게는 아직도
모르는 것이 부지기수이고, 알면 알수록 모르는
것이 더 많아지는 것이 현실이다.

技文堂

머 리 말

평생을 무뚝뚝하고 딱딱한 콘크리트에 대하여 논문만 써오던 사람이 정년을 맞았다고 시나 수필, 소설을 쓴다는 것은 어울리지 않는 일이다. 그런데 요즘 주변을 둘러보니 꼭 그런 것만은 아닌 것 같다. 즉 문학을 전공한 사람이 콘크리트와 관련된 글을 쓴다는 것은 쉽지 않은 일인 것처럼, 나 또한 시나 소설을 쓰기에는 타고난 글재주가 부족하여 곤란하고, 그래도 생각나는 대로 적는 것이 수필이라 하니, 정년퇴임에 즈음하여 용기를 내어서 인생살이와 연구과정을 담은 콘크리트 수필에 도전해 보았다.

그런데 수필이 아무리 생각나는 대로 적는 것이라고는 하지만 공학적인 베이스에서 콘크리트를 대상으로 하다보니 콘크리트를 이해하지 않고서는 진정한 의도가 잘 전달될 수 없다는 특수성도 있다. 따라서 콘크리트를 잘 이해하지 못하는 일반 독자들을 고려하여 가능한 쉽게 기술하도록 노력하였지만 그래도 별도의 콘크리트 관련 서적들을 통해 기초 지식을 습득한다면 훨씬 수월하게 읽힐 것이다.

이 책의 구성은 50꼭지의 내용을 제1장 콘크리트용 원자재, 제2장 보통 콘크리트, 제3장 특수 콘크리트, 제4장 레미콘 품질관리 및 연구 관련 내용으로 분류하여 정리해 보았다.

끝으로 정년퇴임에 이르기까지 알뜰하게 내조를 해준 아내와 훌륭하게 자라서 가정을 이룬 딸, 아들 가족 모두에게 고맙게 생각하고, 연구실의 각종 업적과 이 책을 출간할 수 있도록 도움을 준 청주대학교 건축공학과 건축재료 · 시공연구실의 한민철 교수 외 여러 대학원졸업생 및 재학생, 학부졸업생 및 재학생들의 노고가 컸음에 감사한다. 그 중에서도 특히 석사과정 김민상, 한준희, 학부과정 강용묵, 한수환 군의 노고에 고마움을 표한다.

아울러, 이 책이 출판되기 전에 방향을 조언해주고 교정도 도와준 부산에 김규영 선배, 아주산업 윤기원 상무, 연구실 이영화 선생 및 삽화를 도와준 두리건축 김주열 소장, 표지 디자인을 맡아준 본교 예술대학 시각디자인 전공 서경원 교수에게도 감사한 마음을 전한다.

궂은 일도 마다않고 여러 권의 책을 출판해준 도서출판 기문당의 강해작 사장님 이하 직원 여러분에게도 진심으로 고마운 마음을 표한다.

2018. 08.

우암산 기슭 연구실에서

한 천 구

차 례

제1장 콘크리트용 원자재

제2장 보통 콘크리트

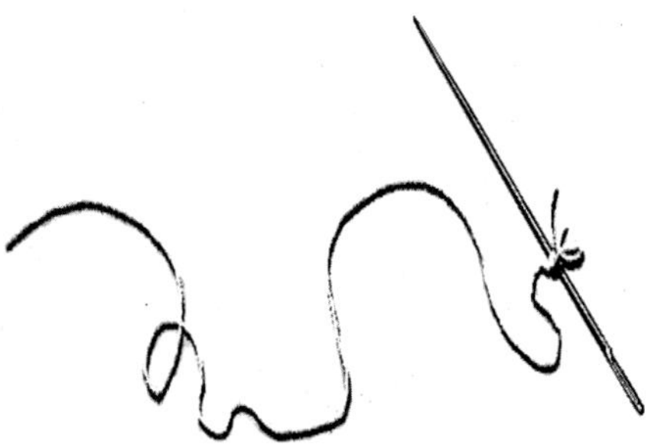

제3장 특수 콘크리트

제4장 레미콘 품질관리 및 연구 관련

| 제1장 |

콘크리트용 원자재

1

일제 강점기 때 콘크리트는 멀쩡한데?

얼마 전 건설물의 안전문제를 자문하기 위하여 현장을 방문하였을 때 한 노인으로부터 질문을 받은 적이 있다. '왜정 때(이하 일제 강점기로 표현) 만든 콘크리트 구조물은 멀쩡한데, 왜 요즘 만든 콘크리트 구조물은 맥을 못 쓰는가?'라는 내용이었다. 동감하고 있었지만, 깊게 생각해보지는 않은 터라 머뭇머뭇 대답을 미루고 이리저리 문헌을 찾아보았다. 그러나 속 시원한 대답은 아무 곳에도 없었다. 그리하여 짧은 지식이지만 가능성을 들어 소설책을 쓰는 것처럼 이리저리 추리하여 그 원인을 정리해 보았다.

먼저, 일제 강점기때의 콘크리트 구조물이 멀쩡하다는 것은 다른 각도로 표현하면 콘크리트의 내구성이 양호하다는 것이다. 즉 내구성이란 얼었다 녹았다를 반복하는 동해, 대기 중 탄산가스가 콘크리트 내부로 침투하여 생기는 중성화, 콘크리트에 있어 암과 같은 알칼리골재반응, 바다환경 등에 의한 염해, 화학적 침식과 같이 자연조건에서의 환경문제에 대한 저항성으로 콘크리트가 얼마나 오랫동안 견딜 수 있는가! 하는 것이다.

출처 : 문화재청

그림 1.1 천도교 중앙대교당

이때 환경문제의 변화 조건은 옛날이나 지금이나 동일하다고 가정하면 내구성은 콘크리트 내부의 조직문제와 관련이 있게 되는데, 그렇게 되면 제일 중요한 것은 시멘트 입자 사이에 물이 존재하던 모세관공극의 크기 문제로써 시멘트의 품질을 생각하게 된다. 그렇다면 옛날의 시멘트가 현재의 시멘트보다 품질이 양호하다는 것인가? 실은 일제 강점기의 시멘트는 원료조합, 클링커 소성, 시멘트 분쇄 과정 등에서 현재보다 기술이 낙후되었다.

그렇지만 먼저 소성온도는 현재보다 높지 않았을 것으로 추측되는데, 그렇게 되면 초기강도는 낮을지라도 후기강도를 크게 하는 벨라이트(Belite : C_2S ; $2CaO \cdot SiO_2$)의 양이 많아 내구성에 유리했을 것이다. 분쇄도 충분치 못해 굵은입자의 시멘트가 되었던 것으로 보고되고 있다. 이와 같은 시멘트는 재력 28일 이전의 초기강도는 별로 크게 발휘되지 못하는 결함이 있지만 시간이 지날수록 계속적인 수화반응이 진행되어 장기강도가 크게 향상되고, 특히 시멘트 입자 사이의 모세관공극을 밀실하게 채워줌으로써 모든 내구성에 유익한 콘크리트 조직을 만들어주게 된 것으로 분석된다.

콘크리트용 재료로써 골재의 경우도 중요하다. 그런데 일제 강점기 때의 콘크리트 시공에서는 골재를 어떻게 하였는가? 당시의 공사에 참여했던 어른들을 통해 들어보면 강모래, 강자갈 등 양질의 천연골재를 깨끗이 세척하여 사용했다고 한다. 이는 콘크리트 전체 체적의 70~80%를 차지하는 골재의 품질에 대하여 그 중요성을 인식하고 세심한 품질관리를 실시했다는 증거이다.

현재에도 콘크리트 제조시 일제 강점기 때처럼 골재를 세척할 필요는 없겠지만, 부족해지는 골재원에 따라 저품질의 열악한 골재를 활용할 수 밖에 없는 상황에서 골재 세척과 같은 가공과 혼합골재에 의한 품질향상 방안 등 효율적인 골재 품질관리대책이 요구된다.

그림 1.2 강모래, 강자갈

일제 강점기 콘크리트에서는 시멘트 및 골재의 자재 측면뿐만 아니라 제조 및 시공 측면에서도 고내구성화의 특징을 들 수 있다. 즉 일제 강점기 콘크리트에서 먼저, 시멘트 가격은 다른 물가에 비하여 고가였으므로 많은 시멘트량으로 배합하기는 곤란했던 것으로 조사된다. 또한 현재보다 인건비가 저렴하고, 기계화도 되어 있지 않았으며, 철근콘크리트 구조설계 개념도 성립되지 않았었다.

따라서 인력으로 콘크리트를 비빌지라도 철저히 원칙을 지켜 충분히 혼합되도록 하였는데, 특히 물의 사용량을 적게 하고, 시멘트 강도가 낮으므로 물시멘트비(W/C)도 낮춘 된비빔 콘크리트를 구조체에 삽으로 떠 넣은 다음 그림 1.3의 달고 등으로 두들겨{타설(打設)이라는 용어가 '친다', '때린다'와 같이 이와 같은 의미에서 유래됨} 밀실한 구조체로 완성시켰다.

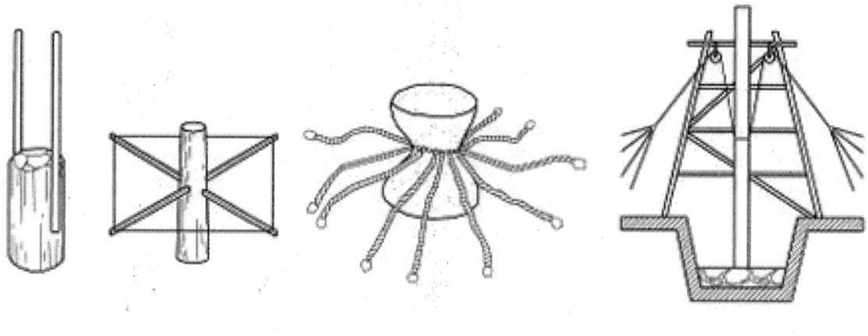

출처 : m.blog.naver.com/chois51

그림 1.3 달고 다짐

즉 물의 사용량을 최소화함으로써 건조수축 균열을 억제하여 균열로부터 파생되는 내구성 저하를 원천적으로 방지하였고, 또한 적은 시멘트량과 분말도가 작은(굵은입자) 시멘트에 의한 수화열 저감 및 낮은 W/C 등의 배합 요인과 밀실한 다짐 등은 고내구성 콘크리트에서 매우 중요한 사항을 충족시키게 되었던 것이다.

또한 고내구성 콘크리트에 있어 양생은 매우 중요한 사항이다. 일제 강점기 때의 콘크리트 양생은 옛 노인들의 증언에 의하면 콘크리트 시공 후 풀을 베어 덮어주거나, 가마니를 잘라 펴주고 물을 뿌려주는 등 철저히 양생을 실시한 것으로 알려지고 있다.

현재 우리나라의 콘크리트 시공과정에서도 콘크리트 타설 후 부직포, 비닐, 버블시트 등으로 제대로 양생을 실시하는 곳도 있지만, 경우에 따라서는 공사기간에 쫓기어 양생을 생략하고 다음날이면 먹줄을 치고 공사를 실시하는 경우도 있다. 이 경우는 콘크리트 중 시멘트가 충분히 수화반응을 일으키지 못한 채로 굳어지게 되어 강도 및 내구성이 크게 떨어지게 된다.

출처 : http://blog.naver.com/p2399

그림 1.4 양생

종합적으로 일제 강점기 때의 콘크리트공사는 현재보다 낮은 강도의 시멘트, 기계화가 안 되었던 열악한 상황이었음에도 불구하고 철저한 품질관리 정신으로 고내구성의 콘크리트를 시공하도록 노력한 것은 사실이다. 따라서 현대의 경우 레미콘 제조 시 재료, 배합, 시공, 양생 등 모든 부분에서 일제 강점기의 콘크리트에서 배울 점을 교훈으로 삼아 콘크리트공사의 고내구성화에 참고가 되길 기대해본다.

2

꿩 대신 닭

'꿩 대신 닭'이란 자기가 쓰려는 것이 없으면 그와 비슷한 것으로 대신 쓸 수 있음을 나타내는 속담이다. 이의 유래로 옛날부터 설날에는 음식으로 떡국을 끓여 먹는데, 반드시 꿩고기를 넣어서 끓였다. 설날 떡국에 꿩고기를 넣는 것은 꿩고기가 맛이 좋기 때문이기도 하지만, 꿩을 상서로운 새로 여긴 때문이다. 사람들은 꿩을 '하늘 닭'이라 하며 천신(天神)의 사자로 여겼으며 길조(吉鳥)로 생각하였다. '농자천하지대본(農者天下之大本)'이라고 쓴 농기(農旗)의 꼭대기에 꿩의 깃털을 꽂기도 할 정도로 신성시하였던 것이다. 그러나 꿩고기는 구하기가 쉽지 않았다. 따라서 일반 가정에서 기르는 닭을 잡아 닭고기를 떡국에 넣는 경우가 많았는데, '꿩 대신 닭'이란 말은 여기에서 나온 것이다.

출처 : www.naturephoto.cz

그림 1.5 꿩

콘크리트 산업 중 여러 경우에서도 '꿩 대신 닭'이라는 상황은 많이 발생한다. 그러나 여기에서는 시멘트 생산 부문에서 필자가 '꿩 대신 닭'이라는 아이디어를 현실화시킨 예를 소개해보고자 한다.

KS L 5201(포틀랜드 시멘트)에는 5종의 시멘트가 있다. 1종은 보통 포틀랜드 시멘트이고, 2종은 중용열, 3종은 조강, 4종은 저열, 5종은 내황산염 포틀랜드 시멘트이다. 이 중 5종은 논외로 하고, 1종과 3종은 수화열이 높으며 빠른 강도를 내는 것이고, 2종과 4종은 반대로 수화열이 낮으며 늦게 강도를 발휘하는 것이 특징이다. 물론 이와 같은 시멘트는 원료조성부터 소성, 분쇄 등 제반 공정을 달리하여 제조해야만 하는 것이 원칙이다.

그러나 우리나라의 상황은 어떠한가? 우리나라의 시멘트 공장은 대략 1962년도 박정희 대통령의 경제개발 5개년 계획의 일환으로 건설되기 시작하였는데, 그 당시로부터 오랜 기간 동안은 언제나 수요가 많은데 공급이 적었던 상황이라 제품의 다양화보다는 단일화된 종류에 대량 생산에 초점이 맞춰져 있었다. 따라서 국내의 모든 시멘트 공장인 경우는 대형 킬른을 갖추고 1종인 보통 포틀랜드 시멘트만을 생산하고 있었다.

출처 : 조영철 기자/"국내최초 시멘트 회사, 건설경기 침체에 몰락"/ⓒ 파이낸셜뉴스/2014년 11월 3일

그림 1.6 우리나라 최초의 시멘트공장(삼척공장)

그러나 고도 경제성장을 이룬 현대에 와서는 상황이 바뀌었다. 즉 공급보다 수요가 많던 것이 역전되어 수요보다 공급이 많아지게 되었다. 그래서 쓰려면 쓰고 말려면 말라는 식은 통하지 않게 되었고, 수요자의 작은 목소리라도 들으면서 수요자의 요구에 맞추어 생산하지 않으면 안 되게 되었다. 또한 실무에서는 소규모 위주의 공사이던 것이 초고층의 고강도 콘크리트, 해양의 고내구성 콘크리트, 대규모의 매스 콘크리트 등 다양해지고 추운 겨울이나 더운 여름에도 동일하게 공사를 진행하면서 양호한 품질을 발휘하는 콘크리트를 요구하고 있는 것이다.

그러면 대형 생산설비로 한 종류의 시멘트만을 생산하던 시멘트 공장에서 어떻게 1종~4종의 다양한 시멘트를 생산하여 소비자의 입맛에 맞는 시멘트를 만들 수 있겠는가? 참으로 고민스러운 일이다. 가령 하나의 설비를 3종으로 바꾼다면 가격은 훨씬 비싸지는데 과연 그 생산량에 합당한 수요는 충분할지에 관한 것도 의문인 것이다.

따라서 필자는 '꿩 대신 닭'이라는 관점에서 시멘트의 분말도 변화에 착안하게 되었다. 즉 미세한 입자의 시멘트는 수화열도 높고 수화반응도 빠를 것이고, 굵은입자의 시멘트는 수화열도 낮고 수화반응도 느림으로써 분말도에 변화를 주기만 하면 1종~4종의 시멘트 변화가 가능할 것으로 생각하였다. 그러면 어떻게 하면 일정하게 만들어지는 시멘트에서 입자를 다르게 채취할까? 하는 부분과 관련하여 당시에는 시멘트 분쇄과정을 잘 몰랐으므로 막연히 분쇄된 시멘트가 시멘트 저장 사일로로 날아갈 때

출처 : korean.alibaba.com

그림 1.7 시멘트 분쇄 튜브밀

위로 날아가는 것은 고운입자, 아래쪽으로 날아가는 것은 굵은입자가 아닐지 하는 것이었다. 따라서 시멘트가 이송되는 큰 파이프에 위, 아래로 구멍을 내어 작은 파이프를 꽂으면 가는입자와 굵은입자의 시멘트가 채취되지 않을까 하는 막연한 생각이었다.

그런데 마침 필자는 1994년부터 아세아시멘트 기술지도위원을 위촉받아 활동중이었음에 이와 같은 아이디어를 아세아시멘트 측에 이야기해주고 가능성을 타진하였다. 그러나 대답은 내 아이디어보다 그림 1.8과 같은 시멘트 분쇄공정을 알려주며, 미립자 시멘트나 굵은입자 시멘트의 채취 루트를 알게 되었다.

따라서 본인 연구실에서는 아세아시멘트와 공동으로 국가의 '지역혁신 인력양성사업'의 3년간 진행되는 연구 프로젝트를 신청 · 수주하여 연구를 진행하였다. 따라서 원료부터 다시 선정하며 제조공정을 바꾸어 1종~4종의 다양한 시멘트를 제조하는 '꿩' 대신 원료와 설비는 동일하면서 입자 크기만을 달리 채취하여 이것을 다시 보통 포틀랜드에 혼합하는 방식의 '닭'으로 문제를 해결할 수 있게 되었다. 따라서 이와 같은 연구결과에 따라 현재에는 특히 겨울철 조강시멘트를 미분시멘트라는 이름으로 보급하는 등 수요자의 요구에 부응하고 있다.

결론적으로 우리나라에서는 학생들이나 실무자들의 경우 이런저런 이유를 들어 안 된다고만 하는 사례가 너무나 만연해 있다. 물론 안 되는 이유를 열심히 찾아 변명하는 것도 좋지만, 앞에서 말한 것처럼 꼭 '꿩'이 아니더라도 '닭'만 가지고도 충분할 수 있는 경우가 많이 있으니 변명거리를 찾을 시간에 대안인 「닭」을 찾는 것이 더 효율적이고 바람직한 일이 아닐까 생각되어 이와 같은 방법을 권유해 본다.

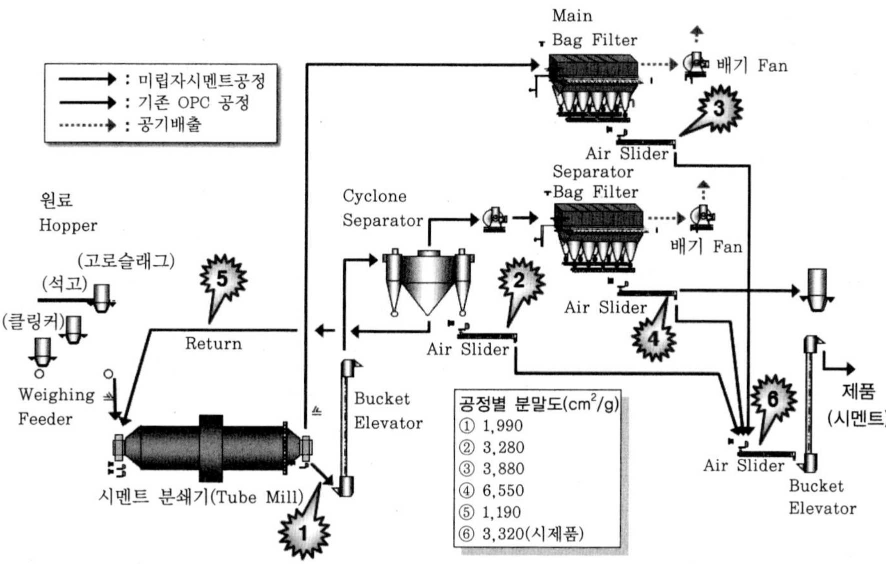

그림 1.8 포틀랜드 시멘트의 분쇄공정 개요도

표 1.1 위치별 분말 특성

기호	위 치	분말특성
①	Mill 출구	조분말
②	Cyclone Separator	미분말
③	Main Bag Filter	미분말
④	Cyclone Separator Bag Filter	가장 가는 미분말
⑤	Cyclone Separator 역송	가장 굵은 조분말
⑥	최종제품(Cement)	②+③+④

3

첫 단추가 잘 채워져야

출처 : assetin.tistory.com

그림 1.9 첫 단추

우리가 여러 개의 단추가 달린 옷을 입을 때에는 첫 단추를 잘 채워야만 나머지 단추도 잘 채워지게 된다. 그러나 만약 첫 단추를 한 구멍 올라가거나 내려가서 채우게 되면 아무리 해도 옳게 되지 않고, 결국은 이제까지 채운 단추를 모두 풀고 첫 단추를 올바르게 다시 채우고 나서야 나머지 단추를 올바르게 채울 수 있는 것이다.

아마도 우리나라에 레미콘 산업이 처음 도입될 때 첫 단추가 잘 채워져야 하는데 그렇지 못한 것이 있어 이를 소개하고 이에 대한 시정을 기대해 본다.

레미콘의 종류에는 굵은골재 최대치수, 호칭강도, 슬럼프치 등에 의해 분류되는데, 문제는 굵은골재 최대치수의 적용에 있다. 즉, 보통 콘크리트의 경우 KS F 4009(레디믹스트콘크리트 ; 레미콘)에는 굵은골재의 최대치수를 40 mm, 25 mm, 20 mm의 3종류가 있다. 이중 40 mm 골재는 KS F 2527(콘크리트용 골재)의 467 골재이고, 25 mm 골재란 57 골재이며, 20 mm 골재란 67 골재를 말하는 것이다.

이중 먼저 골재에 번호를 붙이는 것은 미국식의 ASTM을 참조해서 정한 것인데, 표 2와 같이 굵은 입자부터 가는 입자까지 크기별로 번호를 붙여 활용하는 것이다. 여기서 일례로 40 mm 골재는 467골재, 즉 4번인 40～20 mm 골재와 6번인 20～13 mm 골재, 7번인 13～5 mm 골재를 혼합하여 크고 작은 골재가 골고루 분포하도록 해서 레미콘을 만들어야 하는 것이다. 그러나 초창기에는 이를 모르고 최대치수 40 mm라면 40～20 mm의 굵은골재만을 가지고 5 mm 이하인 잔골재와 혼합하여 레미콘을 제조하여 출하하였다. 이러다보니 20～5 mm 사이의 골재가 없어서 콘크리트가 매우 거칠고 재료분리가 쉽게 발생하는 상황이었다. 특히 이와 같은 콘크리트를 펌프로 압송하면 엄청난 재료분리로 펌프압송이 안 되며, 급기야는 펌프가 막혀 터지는 사고가 발생하였다.

표 1.2 굵은골재의 입도분포

골재번호	입자 크기의 범위(mm)
굵은골재 1	90~40
굵은골재 2	65~40
굵은골재 3	50~25
굵은골재 357	50~5
굵은골재 4	40~20
굵은골재 467	40~5
굵은골재 5	25~13
굵은골재 57	25~5
굵은골재 6	20~13
굵은골재 67	20~5
굵은골재 7	13~5
굵은골재 78	13~2.5
굵은골재 8	10~2.5

그렇게 되니 펌프업체는 40 mm 레미콘 압송을 거부하게 될 수밖에 없었는데, 레미콘사에서는 값이 더 싸야 할 40 mm 레미콘 가격을 25 mm 레미콘 가격보다 비싸게 요구하며, 40 mm를 주문해도 25 mm로 납품하는 상황이 발생하여 결국 우리나라 실무에서 40 mm 레미콘 출하가 없어지는 상황이 발생하였다.

그러나 콘크리트 시방서에 따르면 주로 토목구조물이나 건축물의 기초 매트 콘크리트와 같이 단면이 큰 경우나 철근이 들어가지 않는 무근 콘크리트인 경우는 수화열 저감 등 품질 및 경제성을 고려하여 굵은골재 최대치수를 40 mm로 하도록 규정하고 있는데, 모두 규정을 위반하는 상황이 발생하고 있다.

문제는 25 mm 골재의 경우도 존재한다. 즉 전술한 바와 같이 57 골재로 5번인 25~13 mm 골재와 7번인 13~5 mm 골재를 일정비율로 혼합한 25 mm 골재를 사용해야 하는데, 유감스럽게도 우리나라 대부분의 레미콘 공장에서는 5번 골재인 25~13 mm 골재만으로 레미콘을 만들고 있으니 안타까울 따름이다. 이렇게 되면 재료분리가 많이 발생하고 13~5 mm의 공극을 잔골재가 메워야 하므로 굵은골재보다 잔골재가 더 많은 기형 배합설계로 재료분리에 의한 곰보, 건조수축 균열발생 등 각종 품질저하는 물론이고 결국은 비싼 콘크리트로 전락하고 만다.

굵은골재 최대치수 20 mm인 레미콘의 경우도 우리나라의 적용에는 문제가 있다. 원래 강자갈과 같은 양호한 입자 형태를 갖는 골재의 경우는 굵은골재 최대치수 25 mm의 적용에 문제가 없다. 그러나 양호한 강자갈은 고갈되고 암석을 깨트려 만든 부순골재를 굵은골재로 만들어 사용하고 있지 않는가? 이 경우 골재가 각이 져서 강자갈만큼 시공성을 낼 수 없다. 따라서 일본에서는 일찌감치 쇄석 굵은골재를 이용하는 경우 25 mm는 안되고 20 mm만을 사용도록 시방서 규정을 개정하고 있는데, 특히 건축콘크리트 구조물에는 20 mm 골재 콘크리트를 전국적으로 사용하고 있다. 물론 우리나라도 1994년 개정된 건축공사 표준시방서에 일본을 모방하여 일본과 같도록 규정을 개정하였다. 그러나 우리는 일본과 달리 레미콘업체와 합의 없이 규정만을 개정하고, 홍보도 하지 않음으로써 아무도 이 규정을 지키지 않았다. 급기야 1999년 개정 시방서에서 레미콘업체를 설득하여 올바른 방향으로 가지 못하고 전국의 모든 레미콘업체 혹은 건설관계자를 범법자로 만들 수 없다는 취지에서 25 mm를 새롭게 삽입하여 기술발전을 이루지 못하고 있는 것이 현실이다.

표 1.3 골재의 입도

골재 번호	체의 크기(mm) / 체의 호칭 치수(mm)	체를 통과하는 질량 백분율(%)															
		100	90	75	65	50	40	25	20	13	10	5	2.5	1.2	0.6	0.3	0.15
1	90~40	100	~100		~60		0~15		0~5								
2	65~40			100	~100	~70	0~15		0~5								
3	50~25				100	~100	35~70	0~15		0~5							
357	50~5				100	~100		35~70		10~30		0~5					
4	40~20					100	90~100	20~55	0~15		0~5						
467*	40~5					100	95~100		35~70		10~30	0~5					
5	25~13						100	90~100	20~55	0~10	0~5						
57*	25~5						100	95~100		25~60		0~10	0~5				
6	20~13							100	90~100		0~10	0~5					
67*	20~5							100	90~100		20~55	0~10	0~5				
7	13~5								100	90~100	40~70	0~15	0~5				
78*	13~2.5								100	90~100	40~75	5~25	0~10	5			
9	10~2.5									100	85~100	10~30	0~10	5			
잔골재	5~0.15										100	95~100	80~100	~90	~65	~35	2~15
잔골재	5~0										100	95~100	80~100	~85	~60	~30	2~10

* KS F 4009 표 1의 레디믹스트 종류에 따른 굵은골재의 최대치수임

표 1.4 굵은골재의 최대치수

구조물의 종류	굵은골재의 최대치수(mm)
일반적인 경우	20 또는 25
단면이 큰 경우	40
무근 콘크리트	40 부재 최소치수의 1/4을 초과해서는 안 됨

따라서 굵은골재 최대치수의 잘못된 활용으로 첫 단추가 잘못 채워져서 실무도, 학회의 규정도 모두가 엉망이 되어 혼란스럽기 짝이 없다. 따라서 잘못 채워진 단추는 모두 풀고 첫 단추부터 새롭게 잘 채워야 하는 것처럼 콘크리트용 골재에서 굵은골재 최대치수 문제를 선진 레미콘 형태로 새롭게 정립하고 그에 따라 올바르게 시행되어야 하지 않겠는가? 하는 생각이 든다.

4

소탐대실

바둑에는 여러 가지 용어가 있다. 먼저, 바둑 돌 하나를 지칭하는 말을 석이라고 하는데, 집을 차지하는데 유리하도록 미리 돌을 벌려서 놓는 포석, 공격과 수비에 최선이라고 인정된 수로 정석, 어떻게 두어도 죽게 되는 돌인 사석 등이 있다. 또한 돌을 하나하나 두는 것을 '수'라고 하는데, 수에는 묘수, 꼼수, 악수, 강수, 초강수, 무리수, 승부수, 자충수 등이 있다.

또한 바둑을 진행하는 데에 우리는 소탐대실, 대마불사 등의 여러 교훈적인 용어도 사용하고 있다. 이때 소탐대실이란 작은 것을 탐하다가 큰 것을 놓친다는 뜻의 격언이다. 즉 돌 몇 점을 잡는데 도취되거나, 국부적인 이익에 집착하여 대세에 뒤져 큰 손실을 보는 경우를 일컫는 말이다.

출처 : 안성문 기자/"바둑판에 핀 우담바라, 국내최초 장생(長生)출현!"/바둑리그 운영본부/2013년 6월 30일

그림 1.10 바둑판

레미콘산업에도 이와 같이 바둑에서의 소탐대실과 같은 상황이 가끔 발생한다. 저품질 자재를 저가로 구입해서 레미콘을 생산한 후 납품했는데, 균열보수 혹은 강도부족 등으로 레미콘 생산비는 저렴할지라도 몇 곱절 많은 비용이 지출된 예 등이 그런 것이다. 따라서 여기에서는 최근 저품질 골재가 만연한 상황에서 이처럼 싼 가격의 저품질 골재를 이용하여 이익이 될 줄 알았지만 결국 손해를 보게 된다는 소탐대실의 사례를 설명해보고자 한다.

2015년 우리나라 KS 표준을 관리하는 부서의 연구용역으로 콘크리트용 골재에 부순골재, 고로슬래그골재 등 10개가 독립되어 존재하던 것을 KS F 2527(콘크리트용 골재)로 통합하는 과정에서 진행한 연구이다. 전국적으로 경기/수도권, 충청권, 강원권, 전라권, 경상권으로 나누어 양호한 석산의 잔·굵은골재를 기준으로 저품질 골재를 이용하면 얼마 만큼의 강도저하가 오는가에 대하여 실험을 진행하였다.

지역별로 약간씩 차이는 있지만 전국을 평균하여 나타내면 그림 1.11과 같다. 양호한 KS 굵은골재(석산)를 사용할 경우 비KS의 불량 잔골재를 사용하면 20～25 % 정도가 저하하고, 불량한 비KS 굵은골재(발파석)까지 사용하면서 30～40 % 만큼 강도가 저하한다.

따라서 이번에는 그림 1.12와 같이 가장 불량한 비KS의 굵은골재와 비KS인 발파석을 사용할 경우 41 %의 압축강도가 저하한 것을 시멘트, 플라이애시 및 고로슬래그 미분말이 혼합된 분체 사용량을 20 kg/m^{3}씩 증가시키면서 강도회복을 실험하였다. 그 결과로는 60 kg/m^{3}까지 증가시켜도 25 %의 강도부족 현상이 나타났다. 결국 지역에 따라, 위치에 따라 약간씩 달라 차이는 있겠지만, 골재 1 m^{3}의 가격으로 양호한 KS의 석산 잔·굵은골재는 20,000원, 비KS 발파석의 잔·굵은골재는 18,000원으로 2,000원 정도 저렴한데, 1m^{3}의 레미콘을 제조할 때 각각 0.5 m^{3}씩 소요된다고 하면 결국은 잔골재 1,000원 굵은골재 1,000원 합이 2,000원이 저렴해진다. 그러면 레미콘사는 레미콘 제조 시 1 m^{3}당 2,000원이 남은 셈이다. 그러나 강도를 맞추기 위해서는 60 kg 이상의 분체를 추가적으로 더 넣어 주어야 하는데, 결국 이 가격이 3,876원이면 1,876원은 손해를 보는 것이다. 강도도 못 내면서 돈은 대략 2배를 지불해야 하는데, 이는 바둑에서 몇 점을 잡고 좋아했는데, 결국은 더 큰 대마가 죽고 마는 소위 소탐대실과 같은 것이다.

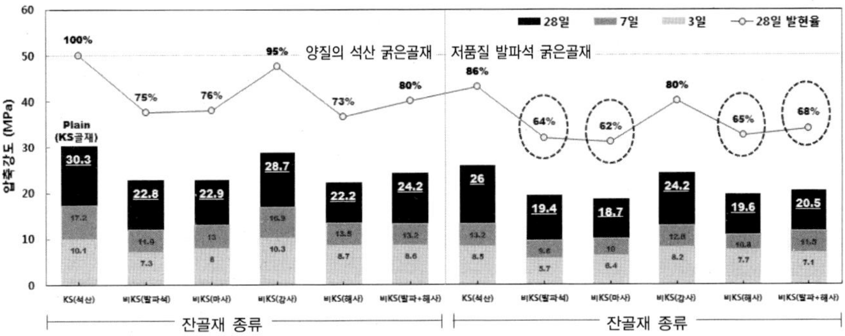

그림 1.11 KS 및 비KS 골재 사용에 따른 콘크리트의 압축강도 검토

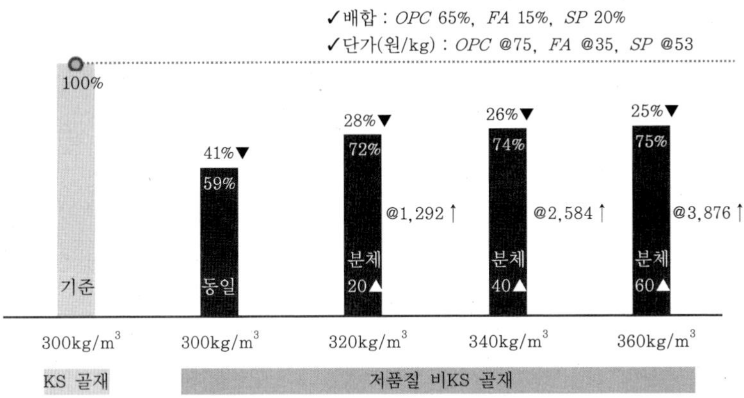

그림 1.12 KS 및 비KS 골재 사용에 따른 콘크리트의 분체 사용량 검토

그림 1.13 불량한 골재

따라서 실무 레미콘에서는 어느 한 자재만의 단가로 싸고, 비싸고를 따질 것이 아니라 전체적인 레미콘 품질과 자재 가격을 비교하는 가치공학적 측면에서 종합적으로 분석한 후 결정하는 현명한 판단이 필요한 시점이다.

5

혼합골재의 묘수

바둑을 둘 때 잘 안 풀리고, 어려움에 처해 있을 때 옆에 있던 고수가 한 수를 훈수하면 그것이 묘수가 되어 전세를 역전시킬 수도 있다. 참으로 희한한 일이다. 열심히 바둑판을 바라보고 있었지만 왜 그 묘수를 찾지 못했을까? 실력이 문제이긴 하지만 늘 하던 일이라면 그 범위를 벗어날 수 없는 것이 일반적이므로, 옆 사람의 훈수를 잘 알아채고 묘수로 승화시킬 필요가 있다.

콘크리트용 골재의 경우로써 앞의 소탐대실에서도 예를 들었지만, 불량 골재를 사용하면 콘크리트 제조원가는 싸질지라도 품질에 결함이 발생해 결국은 더 비싸지는 것을 설명한 바 있다. 그러나 눈이 올라간 아버지와 눈이 내려간 어머니가 결혼을 하면 자식의 눈은 수평이 된다고 하던가?, 너무 굵어서 문제가 되는 골재와 너무 가늘어서 문제가 되는 골재를 혼합하면 어떻게 될까? 당연히 혼합하여 KS 규격의 표준입도 범위에 합격한 골재라면 품질은 향상되게 된다.

그러면 혼합하는 방법의 문제인데, 즉 서로 다른 입자를 따로따로 계량하여 믹서에 넣고 레미콘을 생산하는 것은 현행 KS 규격에 규정되어 있어 문제시되지 않는다. 그러나 만약 어떤 골재 혼합공장에서 혼합된 골재를 레미콘 공장에 반입하여 레미콘을 생산하는 것은 어떨까? 그것은 현행 KS 규격에 규정되어 있지 않으므로 위반이다. 우리나라는 선진국에서 실시하는 목표성능을 주어주고 어느 방법이든지 그 목표성능을 달성토록 하는 성능설계 방법은 도입하지 않고, 단순히 어떠어떠한 재료를 이용하여 어떠어떠하게 정해진 방법대로 제조해야만 하는 시방설계 방법을 채택하고 있기 때문에 아쉬운 현실이다.

어쨌든 별도로 서로 다른 입도의 골재를 계량하여 시멘트 등과 함께 믹서에서 혼합하는 것이나, 혼합된 것을 믹서에 넣고 시멘트 등과 혼합하는 것은 둘러치나 메어치나 마찬가지인데 하나는 되고, 하나는 안 된다는 것은 문제가 있다. 따라서 이번 기회에 훈수를 하며 묘수를 알려주면 후자의 방법도 KS 규격에 합격될 수 있도록 KS 규격의 개정을 추진중에 있음을 알려준다. 아울러 이와 같은 방법으로 골재 공장에서 미리 혼합된 골재를 레미콘에 반입하는 경우라면 양호한 골재보다 저렴하면서 레미콘 공장 내 골재 취급설비도 간단해지고, 또한 일정한 품질의 골재를 계속적으로 유지하는 것도 가능해져 품질관리도 단순해진다.

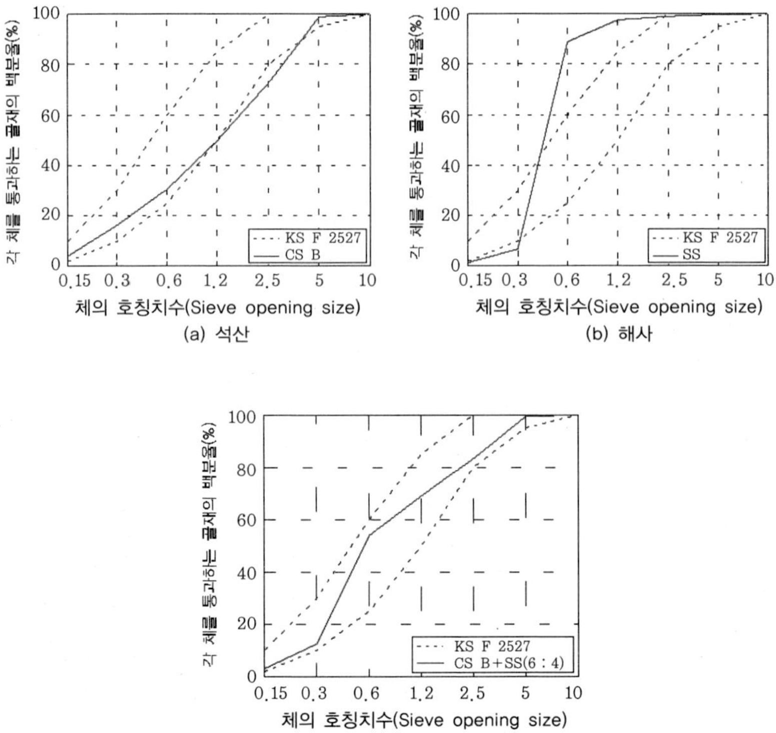

(a) 석산 (b) 해사 (c) 석산 : 해사(6 : 4)

그림 1.14 골재혼합 시 입도곡선

특히 금상첨화 격의 가장 큰 매력은 그림 1.15와 같다. 즉 불량한 석산 및 발파석과 해사를 혼합하더라도 두 개의 평균보다는 좋아졌지만 양호한 석산골재만큼 강도가 발휘되지는 못하므로 화력발전소의 플라이애시를 정제공장에서 정제할 때 버려지는 폐기물인 리젝트애시(Rj)를 여기에 5% 정도 넣어주면 양호한 골재를 사용한 경우보다 더 큰 압축강도를 발휘하는 것이 또 다른 연구논문에서 알 수 있다.

결론적으로 최근의 골재 고갈문제는 심각한 수준임에 양질의 골재만을 고집해서는 답이 없다. 따라서 이용 가능한 서로 반대성격의 골재를 혼합하고 여기에 특수 기능성 폐기물까지도 혼합해준다면 골재의 고갈문제 및 폐기물처리와 아울러 골재의 품질까지도 향상시킬 수 있는 1석 3조의 효과로 골재 고갈문제를 해결할 수 있는 묘수가 될 수 있음을 관심 있는 업체는 이를 참조하길 기대한다.

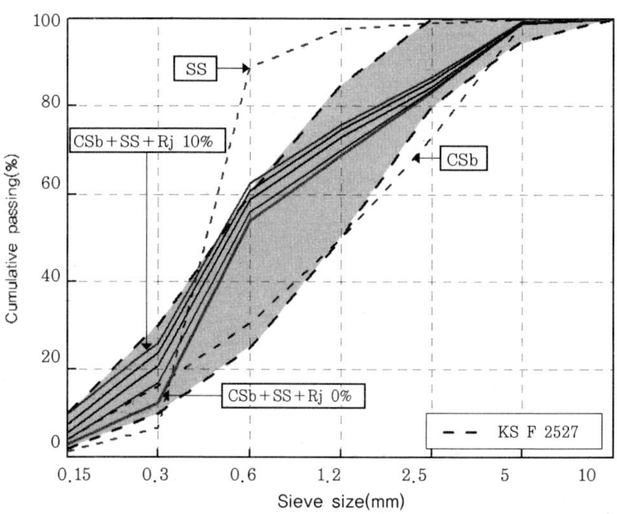

그림 1.15 혼합골재의 미립분 보충(리젝트애시 : Rj)

6

둘러치나 메어치나

우리말 속담에 「둘러치나 메어치나 매한가지다」라는 말이 있다. 국어사전에 의하면 '둘러치다'란 메나 몽둥이 따위를 휘둘러 세게 내리치다라는 말이고, '메어치다'란 어깨너머로 둘러메어 힘껏 내리치다라는 말이다. 결국 '둘러치다'나 '메어치다'는 휘두를 것인지, 어깨에 메는 것인지의 차이일 뿐 힘껏 내리친다는 의미는 같은 것이다.

그림 1.16 메어치기

콘크리트와 관련해서도 이와 같이 둘러치나 메어치나와 같이 매한가지인 것이 있다. 동일 재료이지만 요구하는 성능에 의해 이름이 다른 것이 있을 수 있으니 이해해두면 폭넓은 활용에 도움이 될 수 있다.

먼저 콘크리트를 비빌 때 약처럼 넣어주는 혼화제로서 고성능 감수제와 유동화제가 있다. 콘크리트에 이 약을 넣어주면 시멘트 입자 표면에 정전기가 생겨서 시멘트 입자 간에 서로 떠미는 정전기적 반발작용으로 유동성이 적어 된비빔인 콘크리트가 확 질어지게 된다. 이런 목적으로 쓰이는 것이 유동화제이다. 동일한 질기를 유지하도록 하면서 이 약을 넣어주면 이번에는 많은 양의 물을 줄일 수 있게 되는데, 그렇게 되면 물과 시멘트의 비율을 적게 함으로써 고강도를 만들 수 있다. 이와 같은 용도면 고성능 감수제이다.

이 이외에도 완전히 같은 것은 아니지만 유사한 '둘러치나 메어치나'가 있는데, 증점제와 수중불분리제도 여기에 속한다. 증점제란 끈적끈적한 점성을 높여주는 재료로서 재료가 따로따로 나눠지는 재료분리현상을 잡아주는데 주로 이용된다. 그렇다 보니 물속에서 콘크리트를 타설할 때 물에 씻기지 않도록 넣어주는 수중불분리제도 결국은 증점제인 것이다. 즉 '둘러치나 메어치나'인 것이다.

출처 : blog.naver.com/sonata1974

그림 1.17 수중불분리 콘크리트

고강도 콘크리트와 고내구성 콘크리트도 상당히 일맥상통하는 용어이다. 콘크리트를 고강도로 만드는 것은 시멘트 입자와 입자 사이에 물이 있던 공극, 즉 모세관공극의 크기를 줄이는 것이 요점인데, 그렇게 되면 물, 탄산가스, 황산염, 염분 등 내구성 저해 물질이 내부로 침투하는 것을 원천적으로 줄일 수 있다. 이렇게 되면 고강도 콘크리트는 당연히 고내구성 콘크리트로 될 수밖에 없다.

비슷한 개념에서 섬유보강 콘크리트와 고인성 콘크리트도 있다. 콘크리트는 큰 힘에 쉽게 부서지는 취성재료이다. 그런데 이와 같은 취성을 개량하여 질긴 인성을 띠는 콘크리트로 만들기 위해서는 유기나 무기질의 섬유를 단독 혹은 혼합하여 넣어주는 섬유보강 콘크리트가 있다. 그러나 그렇게 만들어진 성능적인 관점에서는 고인성 콘크리트인 것이다.

결론적으로 콘크리트 건설공사에는 둘러치나 메어치나 매한가지인 경우가 있는데, 고성능 감수제와 유동화제, 증점제와 수중불분리제, 고강도 콘크리트와 고내구성 콘크리트, 섬유보강 콘크리트와 고인성 콘크리트 등으로써 같은 재료를 서로 다른 관점으로 이해하면 폭넓은 활용에도 도움이 될 수 있을 것이다.

그림 1.18 HPFRCC의 방폭성능 (동영상)

7

해봤어?

출처 : YTN NEWS

그림 1.19 정주영 회장

현대그룹의 창업주인 고 정주영 회장의 어록에는 "너 해보기나 해봤어?"라는 말이 있다고 한다. 대부분의 사람들이 그건 이래서 안 되고, 저건 저래서 안 된다는 식의 소극적이고 변명만을 늘어놓는 부하직원들에게 주로 문책성으로 꼬집는 말일 것으로 생각된다.

그런데 우리가 학문을 하는 경우에 모든 것을 경험으로 해볼 수는 없는 일이다. 따라서 선각자들이 노력하여 경험을 체계적으로 정리한 것이 책이므로 책을 통해 공부함으로써 간접적으로 경험해보는 것으로 가름하고 있다.

그런데 선각자들의 경험이 틀렸거나 혹은 세월의 흐름에 따라 달라질 수 있는 것도 있다. 그럼 이런 경우는 어떤 결과를 낳을까? 맹목적으로 답습하는 것이 되어 안타까울 따름이다. 특히, 이런 경우는 우리나라보다 일본에 더 많이 있는데, 어버이 격인 오야붕과 자식 격인 꼬봉과의 관계가 밀접하게 이루어져, 한 번 오야붕이 규정을 정한 것은 아무도 그 근본을 고치려 하지 않고 맹목적으로 따르려는 경향이 있다. 별것 아닌 간단한 일이겠지만?

일례로 일본건축학회의 「한중콘크리트 시공지침 동해설」이라는 책이 있는데, 그 중 1978년판의 제5절(콘크리트의 제조 운반)의 5.1(재료의 저장)에 b 부분에는 다음 표 1.5와 같이 규정되어 있었다.

그러면서 해설 부분에는 아무런 근거도, 연구 데이터도 없이 확인한 경우가 아니면 사용할 수 없도록 규정하고 있는 상태였다. 따라서 마침 일본 북해도대학에 갈 기회가 있어서 오야붕 격인 교수에게 물어 보았다.

대답으로는 레미콘사에서 품질관리를 담당하다가 교수가 된 모 교수가 혼화제가 얼면 전혀 품질이 나오지 않는다고 하기에 그렇게 정했다는 것이다.

표 1.5 일본건축학회 한중콘크리트 시공지침 발췌

제5절 콘크리트의 제조 · 운반
5.1 재료의 저장
a. 골재(생략)
b. 액상의 혼화제는 동결하지 않도록 보존한다.
(해설) 동결한 적이 있는 혼화제는 소정의 성능이 얻어지는 것을 확인한 경우 이외는 사용할 수 없다.

국내에 돌아오자마자 전국적으로 중요한 액상 화학혼화제를 거의 모두 수집하였다. 7개사 32개 제품에 대하여 우선 몇 도에서 혼화제가 어는지부터 실험하였다. 실험 결과 조강형 AE감수제는 영하 20 ℃에도 얼지 않았고, AE제는 영하 2 ℃ 전후에서 얼었으며, 나머지 대부분은 영하 4~8 ℃ 정도에서 얼었다.

얼기 전과 얼고 난 다음의 품질 변화에 대해서도 실험을 진행하였다. 물론 실험이니까 편차가 있기 마련이다. 크기도 하고 작기도 하였지만 전반적으로는 거의 차이가 없는 결과였다. 따라서 이와 같은 실험 내용을 한국과 일본이 번갈아가며 개최하는 심포지엄에 논문으로 작성하여 발표하였다. 그때 일본의 오야붕되는 교수는 매우 멋쩍어하면서 잘 알았고 수고했다고 말했다.

그림 1.20 한일심포지엄 참가자 단체사진

그 이후 일본의 「한중 콘크리트 시공지침 동해설」이 대 개정을 하여 2010년에 새롭게 출간되었다. 개정된 시방서에는 전과 유사한 내용으로 기재되어 있지만, 해설에는 '한 번 동결한 액상의 화학혼화제를 이용하면 공기연행이나 감수성능이 저하할 수 있다. 사전에 시험을 행하고 그 성능을 확인하고 사용한다.[1)]'라고 하면서 어깨번호 1)은 필자 등이 심포지엄에서 발표한 내용을 들고 있다. 종전에는 참고문헌도 없었던 것이 우리가 실험한 내용을 참고문헌이라도 붙여서 소개하고 있으니 참으로 다행한 일이다.

결국, 모든 것을 확인하는 '해봤어?'는 곤란한 일이겠지만, 시간이 많이 경과하여 재료의 성능이 바뀐 경우는 다시 한 번씩 연구를 진행하여 업그레이드시킬 필요가 있다. 시멘트와 관련해서도 50년 이상 지난 데이터로 우리나라 및 세계적인 기준이 되어 있는 것이 일부 존재한다. 부디 이런 것들은 하루빨리 우리 실정에 맞도록 재검토되어야 하지 않을까 싶다.

8

보약도 과하면 독약

대체적으로 우리나라 국민은 세계 어느 나라 국민보다 보약을 좋아하는 것 같다. 십전대보탕과 같은 한약류에서부터 보신탕 등 식용과 식사 후 먹는 종합비타민 등 알약에 이르기까지 여러 종류의 보약류를 복용하는 것이 그 반증일 것이다. 이와 같은 보약을 복용하는 목적은 원기를 회복한다던지, 정력을 보충한다던지, 부족한 성분을 보충한다던지 혹은 병을 치료하는 등의 다양한 면을 보이고 있다.

출처 : gbyouth.tistory.com

그림 1.21 십전대보탕

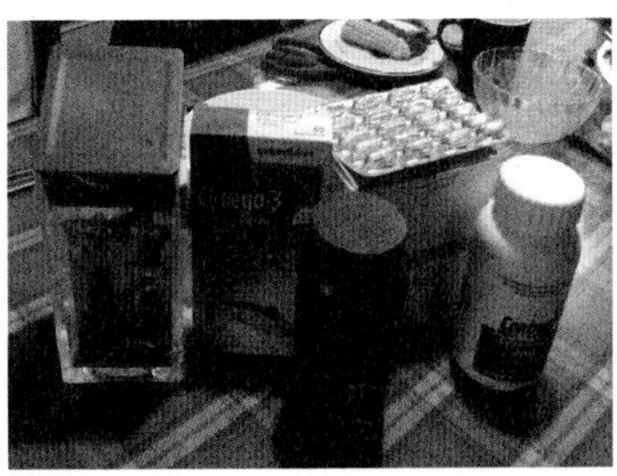

그림 1.22 보약 및 알약

콘크리트의 경우에도 옛날에는 시멘트, 모래, 자갈, 물의 기본재료만으로 제조되었으나 요즘은 기본재료 외에도 인간이 복용하는 보약과 같은 각종 혼화재료가 사용되고 있다. 혼화재료로는 크게 분류하면 먼저, 비교적 사용량이 많아 배합설계 시에 시멘트량을 그만큼 빼고 넣어주는 플라이애시, 고로슬래그 미분말 등의 혼화재(混和材)가 있고, 비교적 사용량이 적어 배합설계 시 그 양이 무시되는 AE제, 감수제, AE감수제 등의 혼화제(混和劑)가 있다.

그런데 우리가 먹는 보약의 경우 적당량을 먹어야만 효과를 보지, 과량 복용하면 독약이 되는 것에 대하여 잘 알고 있다. 보약은 아닐지라도 예를 들어 잠이 잘 오지 않아 수면제를 먹는 것으로 가정하면, 한 알을 먹으면 잠을 잘 자고 피로도 풀리는 등 좋은 효과를 보겠지만, 한 통을 한꺼번에 다 먹는다면 영원히 잠을 자는 경우가 되고 말 것이다.

콘크리트의 경우도 마찬가지이다. 비교적 사용량이 많은 혼화재의 경우는 조금 많고 적음에 따라 영향이 없는 것은 아닐지라도 크게 피해를 주지는 않지만, 약처럼 소량 사용하는 혼화제는 이야기가 다르다. 즉 워낙 소량인 경우는 첨가량 과다 여부가 쉽게 감지되지 않고, 또한 조금만 많아도 경우에 따라서는 2배 또는 10배 등 많은 양이 되어 수면제 한 알이 아니라 한 통을 털어 넣는 것처럼 치명적인 피해로 나타나게 된다.

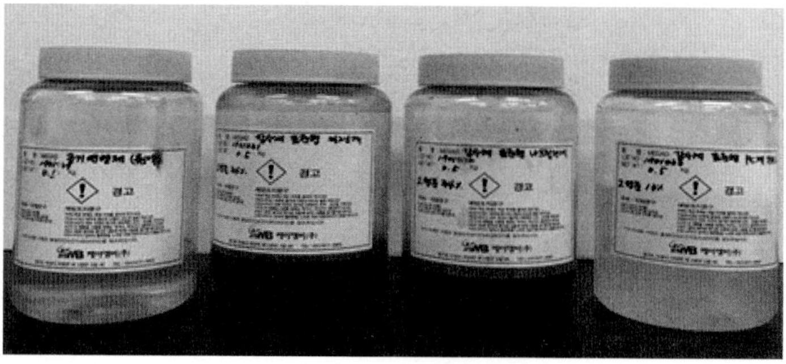

그림 1.23 각종 혼화제

요즘은 많은 경험 및 설비보충 등으로 그런 하자가 좀처럼 보고되고 있지는 않지만, 20~30여 년 전만해도 반드시 사용해야 하는 AE감수제 과다첨가 등으로 공사중이던 건축물의 일부 혹은 한 층을 헐어내야만 하는 사례가 가끔 발생하였다. 특히 안타까운 것은 얼마쯤 더 지나면 강도가 나올 것으로 기대하며 몇 주일씩 기다리다가 결국 포기함으로써 공사기간까지도 소비하여 커다란 손해로 이어지는 경우도 있었다.

이와 같이 혼화제가 과다첨가된 경우는 반드시 그에 따르는 징조가 있으므로 실무현장에서는 사전에 감지하고 대처하면 큰 피해를 막을 수 있으므로 다음 사항을 참조할 필요가 있다.

첫째로는 콘크리트가 고유동에 가까울 만큼 질게 된다. 그렇다면 우리나라 기능공의 심리로는 품질을 의심하고 타설을 중지하기보다는 오히려 신난다고 노래까지 부르며 순식간에 타설하는 경우가 있는데, 그것이 문제이다. 그렇게 평소와 다른 상황이 발생하면 즉시 문제를 감지하고 조치를 취해야만 하는 것이다.

두 번째로는 콘크리트에 공기량이 많아져 에지테이터 트럭에 콘크리트량이 많아져 경사지를 오를 때에는 넘치는 경우도 있고, 공기량 시험을 하면 공기량 시험기의 눈금범위를 초과하는 경우가 있다.

기타 혼화제의 성분에 따라 각각 다르겠지만 종전의 콘크리트보다 끈적거린다던지, 퍼석거린다던지 영 감각이 다른 것이 느껴지는 경우도 있다. 그렇다면 콘크리트 타설을 중지하고 품질을 체크한 다음 즉시 조치를 취하는 것이 최선의 방책일 것이다.

그림 1.24 혼화제 과다첨가 피해 및 보수 사례

그런데 만약 AE감수제를 4배 이상 과다 첨가한 것을 그대로 거푸집에 타설하게 되면 어떻게 될까? 우선 그림 1.24와 같이 콘크리트의 색이 진한 회색을 띠며 응결이 지연되어 콘크리트가 굳지 않는 현상이 나타난다. 이 경우 과다 첨가량 정도에 따라 다르겠지만, 시간이 오래 지나면 어느 정도 굳어지기는 한다. 그렇지만 AE제에 의해 공기량이 많아졌으므로 결국은 강도가 목표한 만큼 발휘되지 못하므로 건설물을 중간에 헐어야만 하는 큰 낭패로 이어질 수밖에 없다.

결국 우리의 일상생활에서 식사 후에 종합비타민 등 보약을 먹는 것처럼 최근의 콘크리트에는 반드시 혼화제를 이용하게 되는데, 보약도 과하면 독약이 되는 것처럼 콘크리트용 혼화재료, 특히 소량 사용하는 혼화제의 경우는 과량 첨가되면 독약이 되므로 과량 첨가되지 않도록 설비보충, 운전공의 감각 및 기능공들의 의식 등 다각도에서 신중에 신중을 기할 필요가 있다.

9

사이다, 콜라와 콘크리트

오래 전 모 레미콘 품질관리 실장으로부터 전자우편을 받은 적이 있다. 내용인즉 "아파트 8층 바닥(7층 천장)으로 그림 1.25와 같이 4평 정도의 거실 한가운데에 색이 진하게 변해 있고, 자갈이 노출되어 있으며, 관통균열의 결함이 발생하였는데, 원재료적 측면에서 건조수축에 의한 과다한 크랙으로 철근 하부까지 관통했다고 보기에는 미심쩍은 면이 있어 교수님의 소견을 듣고자 합니다"라는 것이었다.

분명한 내용은 그 당시 시공했던 사람이어야만 제일 잘 알겠지만 나름대로 추리소설을 쓰듯 원인을 추적해 본다.

그림 1.25 슬래브의 하자 부분

일반적으로 그림 1.25에서 보는 바와 같이 보통 콘크리트보다 색이 진하게 되는 경우로는 몇 가지를 고려해 볼 수 있다. 첫째로는 방수가 안 되어 물이 새는 경우이다. 사진의 결함을 방수문제로 의심해 볼 수도 있지만, 상층부 시공환경을 고려하면 누구나 쉽게 방수문제는 아니라고 판단할 수 있다. 특히, 벽의 모서리 등 구석진 곳은 기능공들의 소변도 의심할 수가 있다. 그러나 그림 1.25의 경우는 주변 환경을 고려해 볼 때 방수문제와도, 소변문제와도 관계가 없는 것으로 분석된다.

둘째로는 혼화제, 특히 리그닌계 AE감수제 등이 과다 첨가되었을 때 나타나는 현상과 흡사하다. 그러나 본 구조물의 콘크리트 타설은 레미콘 차량에 의한 시공으로 레미콘 1 트럭분도 되지 않는 일부 위치의 결함이므로 레미콘 생산시의 혼화제 과다 첨가로는 고려되지 않는다. 그렇지만 어떤 요인에 의해서인지 자갈이 노출되면서(표면 응결지연) 변색을 일으키는 것은 과도한 지연작용에서 나타나는 현상임에 틀림없다.

또한, 그림에 의하면 변색 중앙 부분에는 콘크리트를 관통하는 균열이 존재한다. 그런데 이와 같은 균열은 일반균열과 다른 모양으로 콜드 조인트(Cold Joint)임을 한눈에 알 수 있다. 콜드 조인트란 시공 도중 휴식시간 등의 원인으로 먼저 타설한 콘크리트가 어느 정도 응결이 진행되고 있는데, 나중에 타설한 콘크리트를 충분히 다짐하지 않음으로써 일체화되지 않고 층을 이루게 된 것이다.

그렇다면 휴식시간에 무슨 일이 있어서 콘크리트의 일부 위치에 응결지연 현상이 오게 되었을까?

출처 : 국내건설현장

그림 1.26 휴식시간의 참

그런데 문헌에 의하면 콘크리트 중 시멘트의 응결지연 성능을 나타내게 하는 화합물로는 무기계 화합물과 유기계 화합물로 나누어진다. 무기계 화합물에는 산화아연, 염화아연, 인산염, 탄산화아연, 일산화아연, 케이프화물, 케이프화염, 인산염의 복합물, 수산화동 및 마그네시아염 등이 있다.

또한 유기계 화합물로는 당류와 그의 유도체, 리그닌술폰산염, 유기산과 그의 염, 구연산염, 글루콘산염 등의 옥시칼본산염이 있고, 셀룰로오스 유도체, 폴리비닐알코올 등 수용성 고분자류도 응결지연성이 있는 것으로 알려져 있다. 이때 유기계 화합물의 경우는 콘크리트의 응결지연 성능이 무기계 화합물보다 크므로 장시간의 응결지연 성능을 갖는다고 보고되어 있다.

그렇다면 콘크리트 타설 기능공이 콘크리트 타설 중 휴식시간에 어떤 처리를 하였단 말일까? 일부러 무기계 화합물을 처리할리는 만무하고, 가능한 스토리를 꾸며본다.

즉 우리 문화 중 휴식시간에는 참을 먹는 관습이 있는데, 간단히 빵을 사이다나 콜라와 함께 먹는다. 이때 만약 당류가 포함된 사이다나 콜라와 같은 청량음료를 부주의로 콘크리트에 쏟거나, 남는 양을 콘크리트 타설 경계면에 버리게 되면 어떻게 될까?

이는 사이다, 콜라에 함유되어 있는 당류가 콘크리트에 장시간 응결 지연을 일으키게 된다. 이와 같은 청량음료 중 당류계 유기화합물의 지연작용 기구는 문헌에 의하면 다음과 같은 4가지의 가설로 설명될 수 있다.

1) 흡착설 : 유기화합물이 시멘트 입자표면에 흡착하여 물과 시멘트의 수화반응을 제어한다.
2) 침전설 : 유기화합물이 불용성 물질로 성장함에 따라 시멘트 입자와 물과의 접촉을 방해하여 수화반응을 지연시킨다.
3) 착염형성설 : 유기화합물 분자가 Ca^{++}와 착염을 형성하여 $Ca(OH)_2$ 결정 석출을 억제한다.
4) 핵형성억제설 : 유기화합물이 수산화칼슘 결정핵에 흡착하여 결정의 생장을 억제한다.

출처 : m.blog.naver.com/younhal

그림 1.27 사이다와 콜라

또한 응결지연 후의 수화반응으로는 물과 시멘트의 접촉 후 미세하게 일어난 수화반응의 수화생성물이 유기화합물에 의한 치밀한 흡착층을 장시간 파괴하고, 그후 시멘트와 물과의 접촉이 용이하게 되면 시멘트의 수화반응이 서서히 가속화됨으로써 유기화합물 미첨가 시멘트와 동일한 수화속도로 응결경화에 이른다고 문헌에 보고되어 있다. 결국 물이 있는 조건으로 장시간 양생된 후에는 강도저하 등 품질에 거의 문제시되지 않을 수 있다. 단, 이 경우는 일반 콘크리트처럼 거푸집을 제거하게 되면 경화

되지 않은 모르타르가 거푸집에 부착·박리되어 자갈이 노출되는 모습이 나타나게 된다. 이와 같은 경우는 미경화조직이 남아 있다면 제거하고 균열·보수 후 미장마감으로 원위치시켜 주면 구조물 사용에는 큰 문제가 없을 것으로 사료된다.

결국, 이상의 결과로부터 알 수 있는 것은 사이다, 콜라와 같은 청량음료는 많은 당분을 포함하고 있는 물질로서, 시공 중 부주의로 콘크리트에 혼입하게 되면 초지연제를 혼합한 것과 같이 응결지연성이 나타나므로 주의하여야 한다. 특히 콘크리트 타설 작업 중 새참 시간에 기능공이 사이다, 콜라를 마실 때에는 절대 콘크리트에 엎지르거나 버리지 않도록 하고, 만약 엎질러진 경우가 있다면 그 부분 콘크리트는 제거하고, 거푸집은 물로 세척한 다음 양호한 콘크리트로 타설하는 세심한 품질관리가 요구된다.

10

누이 좋고 매부 좋고

우리가 일상을 살다 보면 새로운 개선안을 제안할 경우 일부는 좋은데 일부는 안 좋은 경우가 있다. 이럴 때는 대부분 대를 위하여 소를 희생해야 한다고 하면서 개선안을 결정하여 시행하기는 하지만 소수의 불만을 해결하기 위해서는 많은 어려움이 따른다.

그런데 만약 개선안이 모두에 좋은 것이라면 어떨까? 당연히 환영하며 이를 적극 도입하고 새로운 개선안에 따를 일이다. 이를 다른 말로 하면 누이 좋고 매부 좋은 경우가 아니겠는가? 그렇지만 이런 제안이 아직까지 잘 먹히지 않는 사례가 있어 그 내용을 소개해 본다.

그림 1.28 누이 좋고 매부 좋고

몇 년 전의 일이다. 서울의 한 종합병원에 항암치료를 목적으로 건설되는 양성자센터 신축공사현장에 필자가 콘크리트의 품질관리업무를 자문하게 되었다. 현장은 그림 1.29와 같은 지하 4층에 지상 6층으로 14,445 m^2의 크지 않은 건물이지만, 양성자 치료에 이용되는 갠트리실의 경우는 바닥, 벽, 슬래브 모두 두께가 2,000 mm이었다. 레미콘 규격은 굵은골재 최대치수 25 mm 호칭강도 27 MPa, 슬럼프치 150 mm인 25-27-150이었다.

특히 발주처측 요구사항으로는 방사선 시설물이므로 일반 거주자에게 피해가 가지 않도록 콘크리트에는 균열이 없고, 콘크리트의 밀도는 2,300 kg/m^3 이상을 발휘해주도록 요구하는 것이었다.

출처 : www.samsunghospital.com

그림 1.29 현장 조감도

그런데 기초매트 콘크리트의 경우로서 암반 위에 두께 2,000 mm의 매스 콘크리트를 타설할 때의 일이었다. 물론 필자의 연구실에서 개발한 공법으로 균열을 막도록 하였고, 단위용적질량도 만족할 수 있는 배합을 선정하여 콘크리트를 타설하였다. 그러나 수화열 균열이며 단위용적질량 문제는 해결되었지만 타설된 매스 콘크리트 상부에 시멘트 모르타르만이 다량 존재하는 재료분리 현상이 관찰되었다. 결국 이것은 균열로 연결되며 표면부는 단위용적질량도 문제를 일으킬 수 있었다.

출처 : 삼성서울병원

그림 1.30 양성자센터 콘크리트 타설 현장

이와 같은 문제는 필자의 경험에 비춰 볼 때 굵은골재의 불연속 입도 문제에서 야기된 것으로 직감하였다. 즉 25 mm 레미콘이라면 57 골재, 즉 5번인 25~13 mm 골재와 7번인 13~5 mm 골재가 혼합된 것을 사용해야만 하는데, 레미콘 공장을 방문해 보니 5번인 25~13 mm 골재만 가지고 레미콘을 생산하고 있었다.

그 이유는 당시의 골재 가격으로 1 m^3당 5번 골재는 1,500원, 7번 골재는 투수콘크리트용으로 1,800원에 판매되어 7번 골재가 3,000원이 더 비싸게 거래되었다. 그러니 레미콘사 입장에서는 경제성 관점에서 7번 골재를 사용할 이유가 없다는 것이었다.

그러나 해결방법은 13~5 mm인 7번 골재를 굵은골재에 혼합하는 것이었다. 실험실에서 배합설계를 실시하여 5번 골재 80 %, 7번 골재 20 %를 혼합하면 최적이 되는 것을 확인하고 실무에 적용하려고 하였다. 그러나 레미콘은 우선 굵은골재 가격이 상승하므로 추가요금을 요구하였다. 따라서 종전의 배합과 바뀐 배합을 비교해보니 콘크리트 1 m^3 제조에 약 1,000원 정도의 원가가 상승하는 것이었다.

그러나 중요한 것은 1,000원을 더 들이고 배합을 바꾸게 되니 그림 1.31과 같이 압축강도도 종전의 배합보다 6.4 MPa 크게 나타나는 의미 있는 결과를 얻었다. 그러면 이번에는 강도가 너무 크게 나오니 6.4 MPa 모두가 아닌 3 MPa만 낮추도록 하자. 그러면 이번엔 레미콘 가격이 저렴해지는데, 그 가격은 1 m^3당 대략 3,000원 정도였다. 결국 1,000원을 더 주는 것으로 3,000원이 저렴하니 남은 액수는 2,000원, 그렇다면 이 금액을 서로서로 나누자.

레미콘사도 1 m^3당 1,000원을 남기고, 레미콘 주문사도 1,000원을 남긴다. 그럼에도 구조물은 어떠한가? 요구하는 단위용적질량도 안정적으로 만족시키고 아직 강도도 3 MPa 정도 여유가 있게 되었으며, 무엇보다도 재료분리가 없고 전면에 굵은골재가 분포되어 건조수축 균열을 대폭적으로 막을 수 있었다. 이와 같은 결과는 결국 누이 좋고 매부 좋고 또는 꿩 먹고 알 먹고인 경우가 아니고 무엇이겠는가?

이상의 결과에서 얻을 수 있는 교훈은 우리나라 전국 대부분의 레미콘이 공통적으로 안고 있는 굵은골재의 불연속 입도분포(Gap grading) 문제를 연속 입도분포로 고쳐주게 되면 레미콘 1 m^3에 2,000원 1년에 1억 m^3 이상 생산되는 우리나라 레미콘 전체에 적용한다면 적어도 연간 2,000억 이상의 비용을 절약할 수 있는 결과로 산출된다. 부디 전국에 있는 건설사, 레미콘사의 경영자분들 이와 같이 모두에게 이익이 되는 방법을 시도해 보지 않겠습니까?

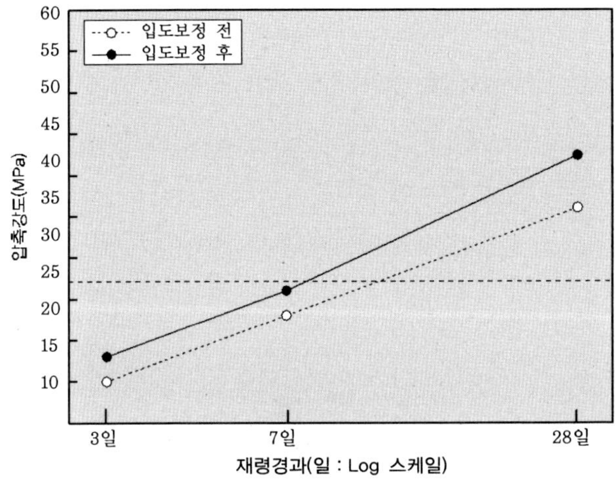

그림 1.31 재령경과에 따른 압축강도 비교

11

일석이조

사전에 의하면 일석이조(一石二鳥)란 '한 개의 돌을 던져 두 마리의 새를 맞추어 떨어뜨린다'는 뜻으로, 한 가지 일을 해서 두 가지 이익을 얻음을 이르는 말이다. 비슷한 뜻을 가진 용어로는 일거양득, 일전쌍조(화살 하나로 수리 두 마리를 떨어뜨림), 양수겸장이란 말 등이 있다.

세상만사에서 일석일조라도 좋을텐데, 일석이조라면 두 말할 필요 없이 좋은 일이라서 가능하다면 일석이조를 노리게 되는 것은 당연하다. 콘크리트산업에서도 물론 이와 같은 일이 있어 소개해보고자 한다.

먼저 일반적으로 이용하는 시멘트의 경우, 이를 1 ton 제조하기 위해서는 약 0.7 ton의 CO_2가 발생하는 것으로 알려지고 있다. 따라서 전 세계 CO_2 발생량의 7 %를 차지하는 막대한 양이므로 지구온난화 현상을 일으키는 주범으로 지목되어, 이를 방지하기 위해서는 시멘트 사용량을 가능한 한 줄이도록 하는 노력이 요구되고 있다.

또한 석탄화력과 같은 전력산업이나 제철소의 철생산 산업에서는 플라이애시(Fly ash)나 고로슬래그(Blast furnace slag)와 같은 폐기물(어감이 좋지 않다고 하여 산업부산물이라 함)이 발생한다.

출처 : http://www.infociments.fr

그림 1.32 시멘트 공장

따라서 이와 같은 폐기물은 당연히 매립 처분해야 하는데, 그렇게 되면 매립장 확보 문제, 환경오염물질에 의한 환경파괴 문제 등이 발생하게 된다. 따라서 실무의 레미콘산업에서는 시멘트량을 빼고 플라이애시나 고로슬래그 미분말을 넣어줌으로써 폐기물 재활용 및 CO_2 발생량을 줄여주는 일석이조의 효과를 올리고 있는 것이다.

여기에 더하여 특히 고로슬래그를 미분말로 제조한 고로슬래그 미분말의 경우는 시멘트와 유사한 성분을 가지고 있는데, 물과 접촉하면 시멘트처럼 수화반응이 일어나지 않고, 얇은 겔(gel) 상의 박막이 형성되어 수화가 지연되는 것으로 알려지고 있다. 그런데 이와 같은 겔 상의 박막은 알칼리나 황산염 등의 자극으로 파괴되면서 시멘트처럼 수화반응이 일어나는 것으로 알려지고 있다. 그렇다면 극단적인 경우는 시멘트 없이도 고로슬래그 미분말과 알칼리나 황산염의 자극만으로도 시멘트처럼 요구하는 강도를 모두 낼 수도 있는데, 그것도 폐기물로 버려지는 알칼리 및 황산염이면 일석이조의 효과를 올릴 수 있을 것이다.

일례로 시멘트 벽돌의 경우 KS F 4004의 2종 벽돌은 압축강도 8 MPa 이상이면 가능하다. 따라서 이 경우는 시멘트 없이 고로슬래그 미분말과 천연골재 대신 콘크리트 구조물을 해체할 때 나오는 폐콘크리트를 골재로 만든 알칼리성인 순환골재를 이용하면 양호한 품질의 일석이조 벽돌이 만들어진다.

호안블록이나 보강토 옹벽블록 등(콘크리트 2차 제품)과 같이 더 큰 강도를 요구하는 경우는 의외로 값싼 알칼리가 시멘트이므로 고로슬래그 미분말 65 %에 시멘트를 35 % 정도 넣어주고 여기서 화력발전소 등에서 발생하는 황산염인 탈황석고($CaSO_4 \cdot 2H_2O$)를 정제한 다음 5 % 정도 치환하며, 역시 천연골재 대신 순환골재를 일부 치환하여 알칼리성을 더욱 보충한다면 저렴하면서도 양호한 일석이조 이상의 콘크리트 2차 제품이 만들어지게 된다.

콘크리트 제조용 물의 경우도 마찬가지이다. 레미콘을 에지테이터 트럭(레미콘 운반트럭)으로 운반하고 나면 반드시 장비보호 목적상 씻어주어야 하는데, 그렇게 되면 씻어 나온 물, 즉 세척배수를 종전에는 하수로 버려서 환경오염이 발생하였다. 그러나 요즈음의 모든 레미콘 공장들은 세척배수에서 잔·굵은골재를 체로 걸러낸 다음 남는 물인 회수수를 레미콘 생산 시 물로 다시 쓰고 있는데, 이 또한 일석이조의 효과인 것이다.

결론적으로 매사도 그렇겠지만 콘크리트산업의 경우 어떤 방법이든 간에 버려지면서 골치 아픈 폐기물을 시멘트의 치환재로, 광물질 혼화재의 자극제로 또는 골재 및 물로써 활용할 수만 있다면 일석이조 이상의 효과도 올릴 수 있으므로 충분히 주변을 살펴 최대한의 효과를 올려가도록 노력해 볼만한 것이다.

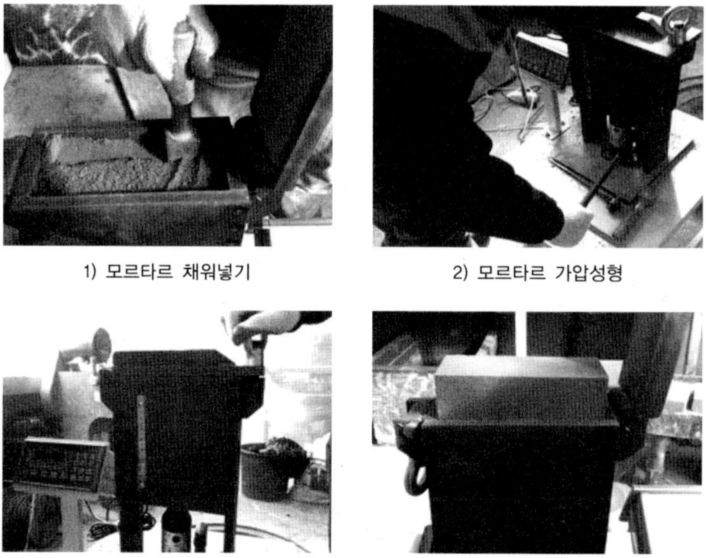

1) 모르타르 채워넣기
2) 모르타르 가압성형
3) 치수 확인
4) 모르타르 벽돌완성

그림 1.33 순환골재 이용 벽돌 제조

12

부메랑

부메랑(Boomerang)이란 오스트레일리아 서부 및 중앙부의 원주민들이 새나 작은 짐승의 사냥, 전투, 놀이 등에 사용했던 도구이다. 모양은 그림 1.34와 같이 활등처럼 굽은 막대기인데, 목표물을 향하여 던지면 회전하면서 날아가고 목표물에 맞지 않으면 되돌아오게 된다. 물론 부메랑은 고대 이집트와 아프리카에서도 사냥을 위해 사용되었으며, 그 외 아메리카 인디언과 인도에서도 사용되었는데, 각 대륙이나 나라마다 특징을 가지고 고유하게 사용되고 있다.

그림 1.34 부메랑

그런데 꼭 맞는 비유는 아닐지라도 우리나라 시멘트 및 콘크리트산업에 있어서 카르텔화에 따른 부메랑 같은 애석한 사례가 있어 그 사항을 소개해 보고자 한다.

KS L 5211에는 플라이애시 시멘트가 규정되어 있다. 그러나 시중에서는 플라이애시 시멘트를 구할 수가 없다. 그 이유는 플라이애시 시멘트를 만드는 공장이 없기 때문이다. 플라이애시 시멘트란 보통 포틀랜드 시멘트에 플라이애시를 섞어주기만 하면 되는 간단한 공정임에도 그와 같은 공장이 없는 것이다.

그 이유야 당사자가 말을 해야 알겠지만, 옛날에 들은 기억으로는 보통 포틀랜드 시멘트를 생산하는 대규모 시멘트사들이 포틀랜드 시멘트를 많이 팔기 위하여 플라이애시 시멘트 공장을 만들려고 할 때, 보통 포틀랜드 시멘트를 주문하면 공급해주지 않았기 때문이라는 것이었다. 그렇다고 하여 저렴한 산업부산물인 플라이애시를 안 쓸 수는 없으니, 이번에는 레미콘사에서 별도로 플라이애시를 구입하여 혼화재로 활용하고 있는 것이 우리나라의 현실이다.

그림 1.35 플라이애시

비슷한 상황으로 KS F 4009 레디믹스트 콘크리트의 사용재료에 대한 규정으로 KS L 5405 플라이애시는 1967년도에 제정되어 사용할 수 있었지만 KS F 2563 콘크리트용 고로슬래그 미분말은 1997년도가 되어야 제정되었다. 따라서 KS 규격으로는 규정되어 있었지만, KS F 4009의 사용재료로는 규정되어 있지 않았음에 국가기술표준원에서는 KS F 4009에 KS F 2563을 사용 가능재료로 추가하려고 할 때에 시멘트업계와 레미콘업계가 첨예하게 대립된 적이 있었다. 즉 시멘트업계에서는 넣어서는 안 된다고 하였고, 레미콘업계 및 고로슬래그 미분말 생산업체에서는 당연히 포함시켜야 한다는 논쟁이었다. 역시 시멘트업계에서는 조금이라도 포틀랜드 시멘트를 많이 팔기 위해서지만 많은 이유를 들며 반대하였는데, 그 한 예는 레미콘사에서 고로슬래그 미분말을 혼합하면 균일성이 떨어져서 품질에 문제가 있다는 점이었다. 물론 레미콘사 및 고로슬래그 미분말 제조업체는 이것을 많이 혼합 · 사용할수록 가격이 저렴해져서 돈을 많이 버는 것이 주목적이겠지만, 지구온난화에 따른 CO_2 절감이며, 혼합에 전혀 문제가 없다는 반박이었다.

논쟁의 결론은 KS F 4009에 KS F 2563을 삽입하는 대신에 혼화재료의 사용은 구입자의 승인을 받아야 한다는 단서를 달아 무분별하게 대량 혼입되는 것을 막는 선에서 해결되었다. 그러나 씁쓸한 것은 플라이애시는 밀도가 2.0～2.2 g/cm^3 정도로 시멘트의 2/3 정도인데 비하여, 고로슬래그 미분말은 2.8～3.0 g/cm^{3}으로 보통 포틀랜드 시멘트 3.1～3.2 g/cm^{3}와 유사하여 오히려 분산성이 더 좋은 것이다. 분산성을 높이려면 플라이애시를 시멘트로 만들어 레미콘에 공급하는 형태로 사용해야 더 좋은 효과를 낼 수 있는 것을 시멘트회사들이 보통 포틀랜드 시멘트를 많이 팔기 위해 정작 필요한 플라이애시 시멘트는 만들지 않거나 못 만들게 하여 문제가 되는 사례가 많은데 비하여 분산성이 커 문제가 없는 고로슬래그는 혼화재로 못 쓰게 애쓰는 것은 결국 부메랑이 되어 시멘트회사들에게 곤란에 처하게 만드는 일이 되고만 것이다.

KSKSKSKS
KSKSKSK
KSKSKS
KSKSK
KSKS
KSK
KS

KS F 4009

KS

레디믹스트 콘크리트
KS F 4009:2016

산업표준심의회
2016년 10월 26일 개정

그림 1.37 KS F 4009 표지

따라서 지금이라도 고로슬래그 시멘트를 시멘트회사에서 제조하여 많이 보급하고 있는 것처럼, 플라이애시 시멘트도 시멘트회사에서 제조하여 레미콘사에 공급하는 것이 좋다. 또 다른 방법으로는 별도의 보통 포틀랜드 시멘트와 플라이애시 혹은 고로슬래그 미분말을 혼합하여 판매하는 플라이애시 시멘트 혹은 고로슬래그 시멘트 공장을 육성하여 현행 레미콘 생산에서 혼화재를 충분히 혼합하지 않음으로써 타설된 콘크리트에 발생하는 검고, 흰 얼룩진 모양의 비균질성이 없어지는 균일한 고품질의 콘크리트가 우리나라에 정착되기를 진정으로 기원해 본다.

13

레미콘 차량으로 농작물의 가뭄 극복

우리나라 5~6월의 봄 가뭄은 경우에 따라 매우 심각한 상황에 이른다. 즉 높은 온도, 낮은 상대습도와 강한 바람은 산불 발생시 엄청난 피해를 일으키고, 타설된 콘크리트는 버쩍버쩍 표면부터 마르기 시작하여 엄청난 소성수축균열을 일으키게 된다.

농작물의 경우도 예외가 될 수 없이 오랜 가뭄에는 씨를 뿌리는 파종조차 못하는 상황이 있는가 하면, 어렵게 모내기한 논의 경우는 물이 부족하여 거북이 등처럼 논바닥이 갈라지고 벼가 노랗게 말라죽는 상황까지 발생한다.

그렇다면 이런 경우에 레미콘산업에서 레미콘 트럭에 물을 싣고 타들어 가는 전답에 그림 1.38, 1.39와 같이 급수할 수도 있다. 그렇다면 물 성분이야 문제가 없겠지만 시멘트에 포함된 알칼리 성분이 물에 녹아 농작물에 피해를 입히지나 않을까 하는 우려가 있을 수 있는데, 이의 유해성 여부와 관련하여 종전의 연구 사례를 들어 소개해 본다.

지금으로부터 대략 30년 전인 1990년도의 일이다. 충북의 모 레미콘 사장님에게 한 농부가 찾아왔다. 가뭄이 극심하여 모내기한 논이 거북이 등처럼 갈라지고 벼가 말라죽게 되었다. 따라서 농부는 어차피 버린 농사이니 레미콘 사장에게 레미콘 출하 후 차량을 씻은 물(회수수)이라도 좋으니 이판사판으로 우리 논에 물 좀 부어달라고 간청하게 되었다. 따라서 레미콘회사 사장은 불법일테지만 책임은 본인이 지겠다며 간곡히 청하므로 처리하기 골치 아픈 레미콘 회수수를 수십 대의 차량에 싣고 갈라진 논에 물을 부어 주었다.

(2015년 6월 25일자 충청일보(충주 · 제천 · 단양) 제20270호 기사 참고-박장규 기자)

그림 1.38 제천시 금성면 소재 ○○레미콘이 농경지에 물을 공급하는 모습

(2015년 6월 22일자 대한전문건설신문 제 1262호 산업3 기사 참고)

그림 1.39 강원도 소재 ○○레미콘이 농경지에 물을 공급하는 모습

그리하여 몇 달이 지난 가을철 레미콘회사 사장은 옛날 일을 까마득하게 잊고 있었는데, 어느 날 농부가 쌀을 몇 가마니 싣고 레미콘회사 사장실을 찾아왔다. 말라죽던 벼가 당신 덕분에 살아났으며 더 나아가 예년보다 오히려 더 대풍을 이루어서 이렇게 보은 차 찾아왔다는 것이었다.

이것이 계기가 되어 1991년도 한국과학재단에서는 레미콘 협동조합과 협력연구로 레미콘 회수수의 재 이용방안에 관한 연구를 3년간 진행하게도 되었다.

일반적으로 회수수는 pH12 정도의 강알칼리성으로 농작물에 피해가 있을 것으로 생각한다. 그런데 회수수를 이용한 논농사에서는 역으로 대풍을 이루게 되었는데, 그 이유는 무엇일까?

출처 : kr.chinajilin.com.cn

그림 1.40 풍년

몇 가지 측면에서 이유를 설명할 수 있다. 먼저, 가뭄이 든 상황이면 벼의 경우는 뿌리쪽의 성장이 왕성하게 되어 물이 차후에 원활히 공급되기만 하면 마르지 않았던 경우보다 더 많은 영양분을 빨아올려 수확이 많아질 수 있다.

그러나 제일 근본적인 것은 그간 우리나라 논, 밭의 토양조건은 유안비료{$(NH_4)_2SO_4$}의 남용 등으로 산성화되어 있다는 원인일 것이다. NH_4(암모니아) 성분은 질소질 비료로 농작물의 성장에 이용하고 나면 토양에는 SO_4 성분이 남아서, 특히 여름철 논에 물이 갇혀 있는 조건이면 혐기상태가 되어 SO_3, SO_2 등의 유독가스가 발생하거나 혹은 물과 반응하여 H_2SO_4 , H_2SO_3 등 황산 및 아황산이 뿌리쪽에서 발생하게 된다. 이렇게 되면 수확기의 벼에는 악영향을 미쳐 볏 잎에 검은 반점이 생기는 호마엽고병(소위 깨씨무늬병)이 발생하여 농작물의 수확이 예상보다 크게 감소하는 추락답의 형태를 띠게 된다.

이 경우 레미콘 회수수 중 알칼리는 주로 시멘트 광물조성 중 C_3S, C_2S의 수화반응에서 생기는 수산화칼슘{$Ca(OH)_2$}으로서 이중 알칼리는 산과 중화반응을 일으키고 SO_4는 Ca 및 물(H_2O)과 반응하여 불용성의 $CaSO_4 \cdot 2H_2O$(석고)를 형성하게 된다. 즉 회수수는 중화의 역할과 석회질 비료의 역할을 하게 되고, 기타로 회수수중 시멘트 성분의 SiO_2는 규산질 비료의 역할을 동시에 수행하게 됨으로써 결국 논농사는 대풍을 이루게 된 것이다.

참고로, 한국과학재단의 후원으로 이루어진 경상대 김석현 교수의 슬러지수를 사용한 Pot 재배시험 결과에 의하면 벼를 재배한 경우는 9~12%, 대두(콩), 앨팰퍼와 배추는 6% 수준에서 증산효과가 나타났으나, 보리의 경우에는 오히려 뿌리의 발육을 저해시켜 생육이 빈약하고 수확량도 감소한 것으로 보고하고 있다.

출처 : ㈜게티이미지코리아

그림 1.41 농작물 Pot 재배 모습

따라서 회수수는 작물의 특성상 적용 가능 품종 및 사용량이 달라짐도 참고할 필요가 있다.

결론적으로 봄철 극심한 가뭄에 혹자는 레미콘 차로 물을 날라 농작물에 가뭄을 해소해 주었을 경우, 가뭄 극복이야 도움이 되었겠지만 알칼리성에 의해 농작물 및 인체에 피해가 있지나 않을까 우려하는 경우도 있다. 그러나 전술한 바와 같이 강알칼리성인 회수수를 이용하여도 문제가 없고 오히려 농작물에 유리하게 작용되고 있는 경우인데, 레미콘 차에 소량의 알칼리가 물에 포함되어 있다고 하여 농작물에 피해를 주거나 인체에 해를 주는 경우는 거의 없을 것이니 안심해도 좋다.

| 제2장 |

보통 콘크리트

1

콘크리트 주례사

내가 결혼한 것은 1977년 12월 25일 충북여성회관에서 모교 반호용 교수님을 주례로 모시고 진행되었다. 당시는 대학을 졸업하고, 군대도 제대한 다음 취직도 한 때라서 갖출 것은 모두 갖춘 경우이었지만 당시의 실제 나이는 25세, 그러나 호적이 1년 줄어 있어 법적으로는 24세, 아내도 공무원으로 근무하고 있었는데, 실제는 23세이었지만, 호적이 1년 줄어 있어서 22세, 둘 다 모두 부모의 결혼 동의가 필요한 연령이었으므로 그렇게 하여 나와 아내는 결혼식을 올리고, 혼인 신고를 했다.

결혼 당시 주례를 부탁하는 것에 대하여도, 내가 청주대 건축공학과 2회 졸업생이다 보니 학과 교수님 중 가장 존경하고 연구실 생활도 한 인연이기도 하지만, 가장 연령적으로 높으신 분이 반호용 교수님이셨다. 당시 연령으로는 42세, 내가 첫 번째 주례 대상자이었다. 주례를 부탁할 때 많이 사양도 하셨지만 사정이 딱하고 간절하게 부탁하기도 하니 마지못해 허락해주셨다. 40년 이전의 기억이지만 첫 주례이다 보니 주례사를 써오셔서 읽어 주셨는데, 결혼하는 나보다도 주례하는 교수님이 더 떠시는 모습이 지금도 생생하게 기억이 난다.

그림 2.1 결혼식 모습

그 이후 1978년 인천공업전문대학, 1980년 인천대학을 거쳐 1981년 9월부터 모교인 청주대학교에 근무하게 되었다. 그러다 보니 2003년까지는 내게 주례를 부탁하는 일부 제자도 있었지만, 그럴 때마다 반호용 교수님께 주례를 부탁하도록 전가하였다. 그런데 교수님이 정년퇴직을 하고 얼마 지나지 않고부터는 반 교수님을 모른다고도 하고, 예비신랑신부가 '예'라고 대답하고는 막상 결혼할 때 보니 반 교수님이 아닌 다른 사람을 주례로 하는 것이 아닌가!

따라서 이래서는 안 되겠다싶어 내가 처음 주례를 시작한 것은 2003년 11월 2일 현 아주산업 윤기원 상무(당시 주성대학 건축과 교수)부터이다.

그림 2.2 윤기원 박사 주례

첫 주례를 의뢰받고 서점에서 책도 구입하여 공부도 열심히 해서 고사성어도 인용하며 올바르게 살기를 강조하면서 주례사를 읽어 내려갔던 기억이 난다. 또한 몇 번의 주례를 진행하는 과정에서 주례사를 같은 내용으로 계속할 수 없어 가끔은 다른 내용도 첨가하며 30~40번 정도를 봐줬다. 그런데 내 나름대로는 무척 중요한 내용으로 생각되는, 즉 인간으로서의 기본을 갖추고, 열심히 노력하여 성공한 다음, 최후에는 사회에 봉사해야 한다는 것이었지만, 웅성웅성하며 집중하지 않고 안 듣는 분위기인 것이다. 과연 이런 주례사가 필요하겠는가? 하는 회의감도 들었다.

그래서 요즘은 콘크리트 주례사로 내용을 바꾸었다. 일반인 하객에게는 교양이 될 수 있고, 콘크리트를 공부하고 있는 제자 신랑 혹은 신부에게는 결혼생활과 철근콘크리트 간의 관계를 잘 이해하면서 내 주례사의 내용을 평생 간직하지 않을까? 하는 생각에서였다.

출처 : seoulweddinghallfair.com/index.php

그림 2.3 예식장

주례사의 제목은 「철근콘크리트와 같은 일생을 영위하라」라고 하는 것으로서 그 내용은 이렇다. 콘크리트는 재료의 특성상 눌러주는 압축력에는 매우 강한 반면, 잡아 당겨주는 인장력에는 매우 약한 재료이다. 압축강도에 비해 인장강도는 1/10 정도 밖에 되지 않아 건축물의 경우 압축력이 작용하는 곳은 콘크리트가 받게 하고, 인장력이 작용하는 곳에는 인장력에 저항성이 큰 철근으로 보완해주는 것이다. 이처럼 결혼생활에서도 신랑이 콘크리트이면 신부는 철근, 또한 신랑이 철근이라면 신부는 콘크리트가 되어 상호보완되어야만 양호한 결혼생활을 할 수 있다는 것이다. 그런데 이렇게 양호한 철근콘크리트가 구조체로 성립되기 위해서는 다음과 같은 세 가지 원리 및 조건이 필요하다.

출처 : www.idaehan.com

그림 2.4 철근콘크리트 시공 모습

첫째는 콘크리트와 철근 간에는 부착강도가 크다는 것이다. 최근에는 철근의 표면에 무늬를 넣은 이형철근형태로 부착강도를 크게 하고도 있는데, 신랑신부도 이와 같이 서로를 꽉 잡아주는 부착강도가 커야만 한다. 또한 아무리 시간이 지나도 부착력이 떨어지지 않고 영원히 꽉 잡아야만 하는 것이다.

둘째는 콘크리트의 알칼리성 환경에서는 철근이 녹이 나지 않는다는 것이다. 시멘트 수화물 중 수산화칼슘 등으로 알칼리성을 유지하게 되면 철근에 녹이 나지 않는 부동태피막이 생겨서

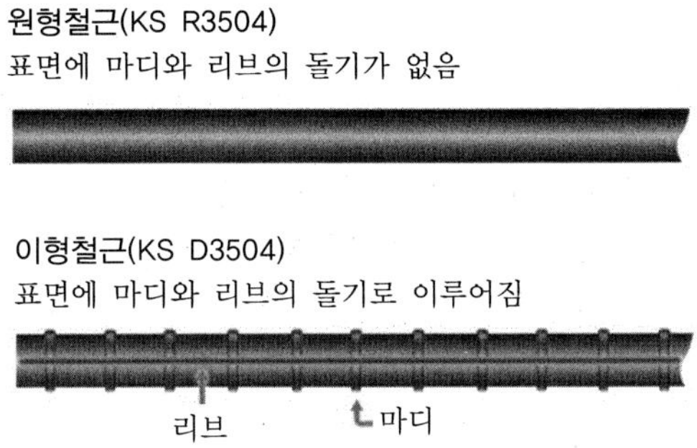

출처 : www.kwca.co.kr

그림 2.5 원형철근 및 이형철근

공기나 물이 들어와도 철근에 녹이 나지 않는다는 것이다. 결혼생활에서도 분위기가 중요하다. 알칼리성으로 철근 주위를 감싸는 것처럼 신랑신부는 화목이라는 분위기로 가정을 감싸고 유지할 때 외부의 유혹이며 어떤 시련에도 변함없이 안정된 결혼생활을 유지할 수 있는 것이다.

셋째로는 콘크리트와 철근의 경우 선팽창계수가 거의 같다는 것이다. 즉 철로 된 기차선로가 여름에는 늘어나고 겨울에는 줄어드는 것처럼 철근과 콘크리트는 온도변화에 따라 늘어났다, 줄어들었다 하는 것이 거의 차이가 없으므로 일체화가 잘된다는 것이다. 마찬가지로 신랑신부는 결혼생활을 유지할 때 우선 우측, 좌측과 같이 서로 같은 방향을 유지하고, 또한 그 변화 정도도 거의 같아야지 한쪽은 많이 가는데, 한쪽은 그렇지 않다면 일체화되는데 어려움이 있다는 것이다.

조금은 엉뚱한 주례사이고, 일반인은 당황스러운 이야기일 수 있지만 결혼을 하는 제자는 확실히 그 의미를 알 수 있을 것이고, 또한 철근콘크리트의 기본원리를 알고 있는 한 내 주례사를 평생 기억하지 않을까 하는 생각으로 이를 현재는 60회가 넘게 애용하고 있다.

2

하시라?

최근 1세기 동안 우리나라의 역사는 파란만장하였다고 표현할 수 있다. 일제 강점기에서의 영향과 광복 후 미 군정의 영향과 6 · 25, 4 · 19, 5 · 16 및 5 · 18 등을 거쳐 현재의 대한민국에 이르기까지 그간 100년간은 그 어느 때보다도 격동기였다고 할 수 있다.

출처 : exsihell.tistory.com/964

그림 2.6 6 · 25 전쟁

필자가 대학에서 건축을 배울 때에는 1970년대 초반이었다. 우리보다 선배들의 경우는 변변한 교과서도 없이 일제 강점기 때 강의노트를 한글화한 것을 칠판에 적어가며 배웠다고 한다. 그래도 필자가 대학다닐 때에는 빈약하지만 한글로 된 교과서를 통하여 우리말로 된 용어로 건축을 배웠다. 물론 학기 시작 후 몇 주 지나면 서울지역의 민주화에 따른 소요사태로 말미암아 휴교령이 내려져서 언제나 절반도 배우지 못하였지만?

1975년도 2월에는 대학을 졸업하고 ROTC 소위로 임관한 후, 공병학교에서 4개월간 기초교육을 받고 전방·보병사단 공병대대의 소대장으로 발령받게 되었다. 아직도 그런 것으로 알고 있지만, 군 공병의 경우는 미 군정시대의 영향으로 미국군의 야전교범(F.M.)에 따라 진행되는 것이 많은데, 투 바이 포(2인치×4인치)각재, 30 보드피트{1보드피트(BF)는 1인치×1인치×12피트}의 목재, 6인치 블록 등 대학 교과서와는 좀 색다른 용어를 접해야 했다.

그림 2.7 군 공사 브리핑 모습

2년 4개월의 짧은 군 생활을 마치고 1977년 7월에는 포항제철에 공사감독으로 취직하였다. 토건부 주택 건설반에 배정받아 아파트공사와 백록대, 청송대 등 대통령 별장 및 수행원 숙소공사를 감독하게 되었다. 그런데 이게 웬일일까? 이번에는 건설공사에서 사용되는 용어의 거의 대부분이 일본어가 통용되고 있는 것이 아닌가? 그래도 나름대로 대학에서 우수한 성적으로 졸업하고 군 건설공사도 2년 이상을 경험한 다음 건설공사 현장에 보조감독으로 부임했건만 용어 자체를 전혀 이해하지 못하는 상황이었다.

하시라(はしら; 柱 ; 기둥), 하리(はり ; 梁 ; 보), 산승가꾸자이(さんずんかくざい ; 三寸角材), 산쥬사이모꾸자이(さんじゅさいもくざい; 30才木材 ; 30사이목재 : 1사이=1치×1치×12자) 등 무수히 많은 용어가 일제강점기의 영향을 받아 그대로 쓰이고 있었다. 아마도 40년이 지난 지금도 그런 것으로 알고 있다. 마치 일본어를 모르면 실력이 없는 사람으로 취급하는 듯하고, 특히 기능공의 경우는 상급자로부터 대대로 교육을 받다 보니 더욱 변하기 어려운 상황이었다. 한때는 대학교육에서 일본어 용어를 가르쳐 달라는 요청도 현장을 경험한 학생으로부터 받은 적이 있다. 그때는 "그것은 일본어로 된 말이니 우리말로 무엇이라고 하느냐"고 당당하게 묻고 "우리 학교에서 배운 우리말로 된 용어로 바로잡아야 하지 않겠느냐"고 지도한 적도 있었다.

그림 2.8 포스코 건설 공사감독 시절

또한, 건설공사현장에서 모르는 일본어를 슬기롭게 헤쳐 나갔던 기억도 나서 피식 웃음이 난다. 즉 포항제철 공사감독 시절에 주 감독인 모 과장이 보조 감독인 나를 불러 "저기 봐라, 저 하시라가 삐뚤어졌지 않느냐 저것을 바로 세워라"라는 명을 받았다.

하시라가 무엇인지 모르는 상황에서 하시라가 무엇이냐고 되물으면 그것도 모르냐고 혼이 날 것 같고 하여 감독 역할을 하고 있는 처지이다 보니 이번에는 현장에 도급공사를 수행하는 기사를 불렀다. 내가 서 있던 곳에 기사를 세우고 이번에는 내가 주 감독 위치에 서서 주 감독이 가리켰던 방향을 그대로 가리키며 소리쳤다. "김기사! 저기 하시라가 삐뚤어졌지 않느냐? 저것을 바로 세워라"라고 했다. 그러자 김기사는 '예'라고 하며 현장으로 달려가 삐뚤어진 기둥을 바로 세웠다. 아! 하시라라는 것은 기둥이구나 그제서야 알게 되었다.

참으로 외래어 문제는 현장관계자에게 난감하고, 어려운 문제가 아닐 수 없다.

그런데 얼마 전에는 건설공사현장을 방문하고 또 한 번 놀라게 되었다. 건설공사현장의 기능공 업무는 위험하고, 어렵고, 더러운 3D업종에 속해 기피하는 상황이다 보니 이제는 대부분의 기능공이 외국인이었다. 외국인이다 보니 한국말을 못 알아듣는 상황이 발생하는 것이다. 위험한 곳에 위험을 경고하는 것이며 용어 자체를 이번에는 영어 혹은 중국어로 해야 하는 상황인 것이다.

그렇게 하지 않으면 공사가 안 되는 상황이니 말이다. 과연 우리나라에서 우리말로 된 우리 건축용어는 언제쯤 정착되고 언제쯤 제대로 쓰일 것인지? 국가 차원에서 고민하고 올바른 대책이 마련되어야 하지 않을까 싶다.

과감히 군 공사의 미군 잔재는 우리 식으로 바꾸고, 현장의 일본어는 우리말로 하며, 외국인 노동자는 영어보다는 우리말로 교육시켜 우리나라에서는 올바른 우리말 용어가 건설공사현장에 정착되도록 해야 하지 않을까 생각해 본다.

출처 : 2014년 03월 26일 허핑턴포스트코리아 김도훈 기자

그림 2.9 외국인 건설노동자

3

바늘허리에 실을 매어서야?

우리나라 속담에 '아무리 바빠도 바늘허리에 실 매어 쓰지 못한다.'라는 말이 있다. 이는 바느질을 할 때 실을 바늘귀에 꿰야만 되지 바쁘다고 바늘허리에 실을 매어서는 못쓴다는 것인데, 결국 아무리 급하다고 해도 꼭 갖추어야 할 것은 갖추어야 일을 할 수 있음을 비유적으로 이르는 말이다.

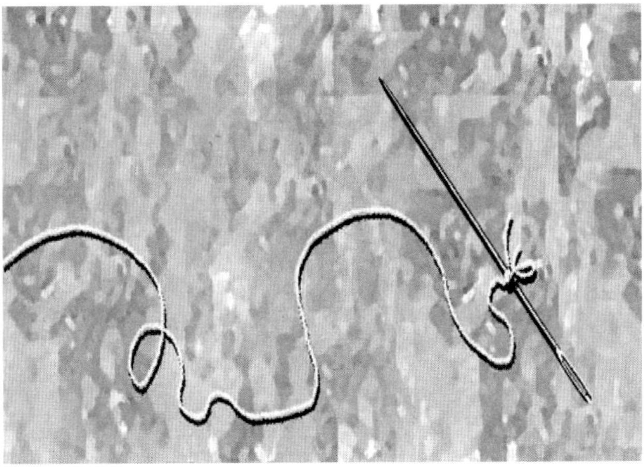

출처 : news.joins.com/article/15661696

그림 2.10 바늘허리에 실매기

콘크리트공사에서도 거푸집에 콘크리트를 타설하는 경우에는 단계 단계 반드시 거쳐야 할 것이 있기 마련이다. 그중에서도 서둘러서 일을 해야 하는 것도 있지만, 서두르면 낭패를 보는 것도 있으므로 이와 같은 것에 대하여 소개해보고자 한다.

그럼 먼저 서둘러야 하는 것부터 소개한다. 건설공사는 좋은 품질의 제품을 저렴한 가격에 빨리 완성해야 하는 것이 기본이다. 그렇기 때문에 공기단축을 위해서는 모든 공사를 서둘러야 하는 것이 기본이다.

거푸집 조립, 철근 배근은 물론이고, 콘크리트 시공도 빠른 시간 내에 타설하고, 빠른 양생 후 탈형하여, 다음 층 및 공정으로 속히 넘어가야 하기 때문에 철근콘크리트공사 자체는 공기단축을 위해 서둘러야 하는 것이 기본이다.

두 번째로는 기후 급변 시 양생에 관한 것이다. 콘크리트 타설 과정에서 자연환경은 다양한 변화가 있을 수 있는데, 일례로 갑자기 비가 오거나 눈이 오는 경우, 또한 혹한, 혹서, 강풍 등을 들 수 있다. 그런데 기상변화가 예상될 경우에는 시공을 미루는 것이 기본이겠지만, 어쩔 수 없는 경우는 사전에 기상변화에 대한 대책을 마련하는 것이 중요하다.

먼저, 콘크리트 타설 중 비가 내리는 경우는 적당한 곳에서 이어치기 구획을 마련하고 공사를 중지하며 콘크리트 표면이 씻기지 않도록 비닐이나 천막, 양생포 등으로 즉시 콘크리트 표면을 덮어 주도록 서두르는 양생시공이 필요하다. 물론 보슬비 정도인 경우 강우를 무릅쓰고 시공을 계속해야 할 때에는 콘크리트 표면 피복 외에도 단위수량 증가에 따른 콘크리트 배합 보정 및 증점제 등으로 재료분리 방지 계획을 고려해야 한다.

콘크리트 타설 시 혹한이 닥칠 경우는 초기동해의 방지대책을 서둘러야 하고, 혹서가 닥칠 경우는 서중 콘크리트의 표면 마무리 양생을 서둘러야 하며, 특히 우리나라의 봄철부터 초여름 같은 경우의 고온조건하에서 낮은 상대습도, 빠른 바람인 경우에는 소성수축 균열이 문제시 될 수 있으므로 서둘러서 버블시트 등 피복양생 및 기타 조치를 강구하여야 한다.

그러면 바늘허리에 실을 매어서는 못쓰는 것과 같이 서두르면 안 되는 것에 대하여 소개해 본다. 지나친 표현이 아닌가 조심스럽기는 하지만 우리나라 국민성의 경우는 느긋하게 기다리지 못하고 빨리빨리를 요구하는 경우가 많은 것 같아 안타깝게 생각한다.

먼저 콘크리트 침하와 관련한 시공 사항이다. 콘크리트를 거푸집에 타설하고 나면, 자연의 섭리에 따라 밀도가 큰 것 및 입자가 굵은 것은 먼저 가라앉고 잉여수, 공기포 등 밀도가 작은 것은 떠오르는데, 결국 콘크리트는 블리딩현상과 함께 침하를 일으킨다.

대부분 침하는 콘크리트를 부은 후 1~2시간 이내에서 가장 많이 발생하는데, 기둥, 벽, 보, 슬래브 등 단면의 두께 차가 있는 경우는 기둥 혹은 벽과 같이 깊은 곳을 먼저 타설하고, 침하를 기다린 다음 보를 타설하고, 다시 침하를 기다린 다음 슬래브를 타설하는 순서로 시공한다. 그리고 콘크리트 표면 마무리는 서두르지 말고 충분히 침하가 이루어진 다음 피니셔나 흙손마감 등 마무리 작업을 실시하여야 균열이 발생하지 않는다.

그림 2.11 버블시트 양생

그러나 콘크리트의 침하시간을 기다리지 못하고 급히 서둘러서 콘크리트 타설 및 표면 마무리 작업을 실시하게 되면 마무리 후 다양한 침하가 발생하는데, 일례로 침하가 안 된 철근배근 모양대로 균열이 발생하여 낭패를 보게 되기도 한다.

그림 2.12 슬래브의 침하균열(A)

그림 2.13 슬래브의 침하균열(B)

또한, 서두르면 안 되는 것으로 건조수축 등 각종 균열보수에 관한 사항이다. 거푸집 탈형 후 마무리 상태의 검사에서는 균열 등 보수를 하게 되는데, 결함부 보수방법에는 결함 특성에 따라 시간이 달리 정해진다. 즉 콘크리트의 채워지지 않은 공동부 등 시공 결함은 즉시 보수해야 하는 것이 바람직하지만 침하균열, 소성수축균열, 건조수축균열, 수화열에 의한 균열 등 시공과정에서 발생하는 각종 균열은 마감재 시공 전에 가능한 한 장시간 두었다가 보수하는 것이 바람직하다. 왜냐하면 시공과정의 균열은 계속 진전되고 변화할 수 있는 것으로 즉시 보수 및 마무리 시공을 실시할 경우에는 다시 추가 균열이 발생할 수 있으므로 균열보수의 효과가 반감된다. 따라서 이와 같은 경우에는 서두르지 말고 최대한 균열이 모두 발생한 다음 한꺼번에 보수하는 것이 추가 균열의 발생 문제에도 대처할 수 있어 바람직한 보수가 된다.

이외에도 건설공사에서 서둘러서 낭패를 보는 경우는 무수히 많다. 예를 들면 그림 2.14와 같은 바닥마루판 붙임공사, 타일공사 등도 바탕이 충분하게 건조한 후 시간을 확보해 가며 마감공사를 진행해야 하는데,

그렇지 않으면 바탕이 줄어들어 마루판, 타일 등 마감재가 들뜨는 문제가 발생할 수 있는 것이다.

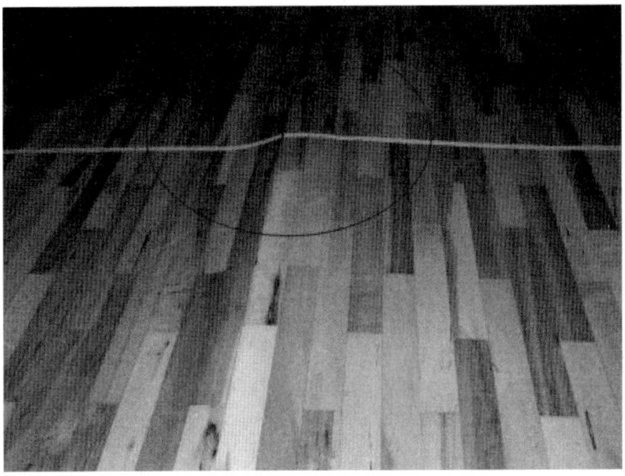

출처 : eagonblog.com/m/574

그림 2.14 마루판 솟아오름

결론적으로 콘크리트처럼 물을 이용하는 것은 정해진 시간을 잘 지켜서 단계 단계별로 공사를 진행해야 하는 것이 기본이다. 누구든지 바쁘고, 공기단축이 중요하다는 것을 모르는 것은 아니지만 바늘허리에 실을 매어서는 못 쓰는 것처럼 순서와 시간을 규정대로 잘 지켜 공사를 진행해야만 하는 것도 있으므로 이와 같은 상황 등을 충분히 고려할 필요가 있다.

4

선무당이 레미콘 잡는다(Ⅰ)

옛 속담에 의술이 서투른 선무당이 환자를 치료해 준다고 하다가 사람을 죽이기까지 한다는 것에서 유래된 '선무당이 사람 잡는다'라는 말이 있다.

출처 : m.blog.naver.com/PostList.nhn?blogId=sukigi

그림 2.15 무당 굿

안타깝게도 우리나라 레미콘산업과 관련해서도 종전에는 잘 몰라 오히려 원칙이 통하고 그런대로 문제가 없었지만, 요즘에는 어설픈 지식이 보급되고, 일부에서는 머리를 잘못 쓰다 보니 유감스럽게도 선무당이 사람을 잡는 것처럼 레미콘을 잡는 현상이 발생하고 있어 이를 지적함으로써 시정을 기대해 본다.

먼저 슬럼프치 허용오차의 잘못된 활용 문제에 관한 것이다. 건설공사 수행자가 레미콘을 주문할 때에는 '25-24-120'과 같이 굵은골재 최대치수(25 mm), 호칭강도(24 MPa), 슬럼프치(120 mm)의 조합으로 주문하게 된다. 그런데 이 중에서 슬럼프치란 콘크리트가 되고 진 정도인 반죽질기를 표현하는 말로서 수치가 150 mm 이상이면 질고, 그 이하는 되다는 표현을 쓴다.

우리 주변에서 실시되는 대부분의 대규모 건설공사에서는 고내구성 콘크리트 공사에 속하게 되어 슬럼프치는 120 mm 이하로 시공하도록 규정되어 있다. 당연히 이 경우는 된반죽상태가 되어 시공에 약간 어려움이 따르는데, 비록 시공은 약간 어려울지라도 꼼꼼히 다져 넣어주게 되면 보통 콘크리트보다 건조수축균열의 감소, 수화열에 의한 균열저감 등 내구성을 높이는 좋은 콘크리트가 가능하게 된다. 만약 된비빔으로 시공이 정말로 곤란하다면 유동화제라는 질게 하는 약을 레미콘 차에 넣고 회전시켜 질게 만드는 유동화 콘크리트 공법으로 150, 180 mm 최대 210 mm까지 유동성을 높여 부어 넣도록 규정하고 있다.

그림 2.16 유동화 콘크리트의 시공

그러나 그동안 우리나라 콘크리트 시공현장에서 유동화공법은 찾아보기 어려웠고, 대부분 간단히 물탱크에서 연결된 레미콘 차량 가수장치의 밸브를 틀어주어 공공연하게 기능공들이 가수하는 사례가 많았었는데, 아직도 근절되지 않아 안타까운 마음 금할 길이 없지만, 최근에는 이보다 한 수 더 뜨는 선무당이 나타났다.

즉 주문한 레미콘이 너무 되어서 시공을 못하겠다는 불평이 기능공에게서 올라오면 선무당인 품질관리담당자는 짤막한 지식을 발휘하여 슬럼프치의 허용오차라는 카드를 빼내들게 된다. 즉 슬럼프치 120 mm라면 ±25 mm의 허용차가 KS F 4009에 존재함에 이를 활용하게 되는 것이다. 120 mm에 −25 mm를 하게 되면 95 mm, +25 mm를 하게 되면 145 mm

가 되는데, 이 중 145 mm를 시공현장의 슬럼프로 택하게 되는 것이다. 120±25 mm 중 145 mm에 레미콘을 맞춰오라는 것이다. 이렇게 되면 양호한 시공성으로 능률도 오르게 되므로 실무에서는 자주 채택되는 카드이며, 시공 사례이다.

그러나 그 내용을 자세히 들여다보자. 레미콘에 대한 설명이 이해하기 어렵다면, 총을 쏘는 것으로 가정하여 이해해보자. 즉 100 m 정도 떨어진 곳에 표적지를 붙이고, 총을 튼튼히 고정된 기초 위에 절대 움직이지 않게 용접해놓고 10발의 총알을 쏜다고 가정할 때, 10발 모두가 표적지의 한 구멍에 들어갈 수 있겠는가? 군에 다녀온 사람이라면 당연히 아니라는 것을 알 수 있다.

탄착점을 형성하면서 산포된 모습을 나타내는데, 이는 탄환의 평활도, 바람의 유무 등 많은 요인에 의해 오차가 발생하기 때문이다. 레미콘도 마찬가지 개념으로 해석하면 될 것이다.

출처 : 국방일보-국방홍보원

그림 2.17 군 사격훈련

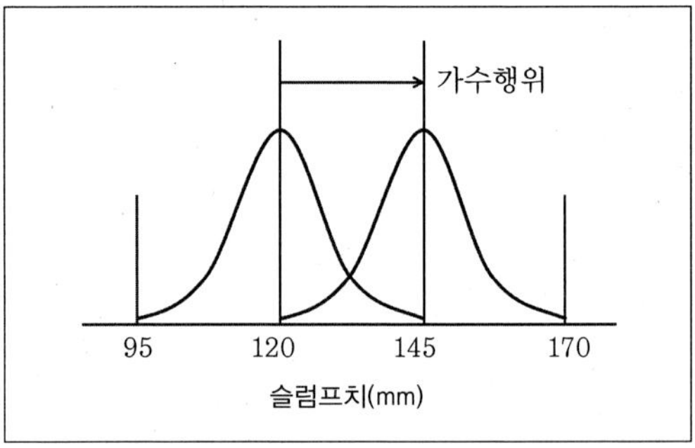

그림 2.18 슬럼프치 허용차의 잘못된 고려

그림 2.18과 같이 운반거리를 감안하여 120 mm 슬럼프치로 레미콘을 제조하였다면 재료의 불균일, 계량오차 등에 의해 95~145 mm 범위에 들게 되어 이 범위를 벗어나지 않도록 품질을 관리하면 바람직한 방법이 될 것이다.

그런데 만약 선무당처럼 120 mm 슬럼프치의 허용오차범위라 하여 145 mm로 요구하게 된다면 어떻게 될까? 당연히 이번에는 145 mm가 중심이 되어 ±25 mm로서 120~170 mm의 레미콘이 만들어지게 되는데, 절반의 슬럼프치는 합격이지만 절반은 불합격이 된다.

그렇다면 이와 같은 질기는 어떻게 만들어질까? 당연히 잘못된 요구이다 보니 레미콘 제조도 변칙으로 변환되어 원칙적인 배합설계 방법에 따른 수정이 아니고, 주로 잔골재의 표면에 포함된 물의 양을 조정하여 컴퓨터에 입력시킴으로써 슬럼프치를 높이는데, 결국 이는 주문자의 요구에 따라 레미콘사가 물을 첨가하는 가수행위를 하게 되는 결과가 된다.

이렇게 되면 이제 품질관리가 실종되는데, 슬럼프의 불합격은 두 말할 필요도 없고, 공기량이며 압축강도도 모두 비정상으로 전개된다. 매우 심한 경우는 180 mm 같은 120 mm(송장은 120 mm, 실제 질기는 180 mm)의 슬럼프치를 요구하는 경우도 있는데, 이는 아주 위험한 품질결함 행위이다.

위의 가수문제는 여기에서 그치지 않는다. 정상적인 레미콘 배합에 가수를 하면 어떤 문제가 발생할까? 공기량 저하, 강도저하 등의 문제도 심각하지만 건설공사현장에서는 당장의 사안으로 재료분리(잔 · 굵은 입자가 서로 나뉘어져서 분포되는 현상)가 발생하면 펌프 압송시 막힘사고가 발생할 수 있고, 거푸집해체시 많은 곰보현상이 발생한다.

이렇다보니 선무당은 한 발짝 더 나아가 표면마감성만을 고려하여 잔골재율(S/a ; 전체 골재 중 잔골재가 차지하는 비율)을 높여 레미콘을 제작해 달라는 요구를 하는데, 아주 심한 경우는 잔골재율을 50% 이상(모래가 절반 이상을 차지하는 경우임)으로 배합설계를 하지 않으면 레미콘을 받지 않겠다는 것이다. 이에 우리나라 대부분의 레미콘사 배합설계자료의 경우 목표 슬럼프치가 바뀌어도 잔골재율은 바뀌지 않게 된 경우가 많고, 가격도 슬럼프치마다 별 차이 없는 경우로서 세계적으로 유래를 찾기 힘든 매우 이상한 배합설계가 자리잡고 있는 것이 현실이다.

그림 2.19 재료분리에 의한 표면결함

5

선무당이 레미콘 잡는다(II)

이전의 '선무당이 레미콘 잡는다(I)'에서는 슬럼프의 허용치를 잘못 활용하는 사례 및 잘못된 잔골재율의 적용문제를 지적하였다. 이와 유사하게 잘못된 지식으로 레미콘을 그르치게 하는 사례는 그 이외에도 다양하게 존재한다.

그림 2.20 압축강도 시험

그 일례로 선무당의 경우는 레미콘사가 알아서 실시하게 되는 배합자료나 사용재료(특히 혼화제)까지도 지정해주는 적극성을 보이고 있는데, 과연 합당한 일인지 생각해 볼일이고, 잘못된 로트(lot)의 설정, 실험방법의 오류, 본인이 실시해야 할 검사를 납품자에게 전가시키는 것, 기온 보정강도의 미시행 등 이루 언급하기도 민망한 많은 어려움을 안고 있다. 구조체 품질관리와 관련해서도 구조체 강도관리 개념의 미숙지, 균열발생 억제 노력의 부재 등도 있어 안타까움이 매우 큰데, 기타의 모든 사항은 생략하고, 최근에 알게 된 균열 관계와 관련한 선무당의 사례를 들어 그 내용을 소개해 본다.

표 2.1 및 2.2와 같이 선무당의 균열에 대한 대책은 어설프기 짝이 없다. 균열이 발생하지 않도록 재료선정, 배합검토 및 시공법 선정의 노력은 찾아보기 어렵고, 균열원인을 찾아 재발을 막고자 하는 노력 또한 없다. 일반적으로 72시간 이내의 균열 원인으로는 레미콘사의 재료선정 및 배합설계 등이 전혀 무관한 것은 아니겠지만, 대부분은 레미콘 가수 등에 따른 침하균열, 표면의 양생부재에 따른 소성수축균열, 매스 콘크리트인 경우는 수화열로 인한 균열 등 선무당 자신이 콘크리트 타설 및 양생관리를 잘못해서 발생하는 균열이 대부분이다.

그런데 선무당은 누구 책임을 불문하고 갑과 을의 계약 우열관계상 약자가 되는 레미콘사에 형식상 회의라고는 하지만 모든 균열의 보수를 명령하고 있는데, 만약 보수가 불충분한 경우는 그것을 직접 보수하고 그 비용을 레미콘사에 전부 부담시킨다고 하니 과연 이래도 되는 것일까?

이와 같은 식의 품질관리라면 과연 계속해서 발생하는 균열문제를 해결할 수 있을까? 이와 같은 것이 이번 한 번만의 문제라면 그래도 이해할 수 있겠지만, 표 2.1과 2.2의 내용을 보면 이번에 그칠 것 같지 않고, 이와 같은 사례를 오히려 전국의 수많은 선무당에게로 전파시킬 것 같은 예감이 들어 그저 답답할 따름이다.

결국 위에서 언급한 선무당 문제를 슬기롭게 해결할 수 있는 방법은 없을까? 가장 올바른 해결은 레미콘사의 품질관리 담당자도 물론이지만,

표 2.1 균열품질관리관련 건설사가 레미콘사에 보낸 공문의 일례

〈이상 생략〉

제목 : 레미콘 납품 후 품질관리 이행에 관한 건

1. 귀사의 무궁한 발전을 기원합니다.
2. 〈생략〉
3. 레미콘 납품업체에서는 자기가 납품한 제품에 대하여 콘크리트 타설 72시간 경과 후 조속히 슬래브 바닥 상부균열을 다음을 만족시킬 수 있게끔 보수하여 주시기 바랍니다.
   · 슬래브 균열 하부로의 누수방지
   · 슬래브 상부에서 보수한 자국이 남지 않도록 보수
   · 품질을 신뢰할 수 있는 재료 사용
   (사용자재 자료를 당사에 사전 제출할 것)
   · 보수하기 전 해당공구 건축담당자와 협의 요함
4. 보수가 완벽하지 못할 경우는 당사가 재보수하고 그 비용을 레미콘 납품사와 협의하여 분담하고자 함

〈이하 생략〉

표 2.2 콘크리트 품질보수관련 건설사가 레미콘사에 보낸 공문의 예

〈이상 생략〉

제목 : 콘크리트 품질보수의 건

1. 귀사의 무궁한 발전을 기원합니다.
2. 표 1의 내용 과 관련입니다.
3. 구조부위 언급 를 보수할 예정이며, 실투입 비용은 상기 2항에 의거 협의 및 분담할 예정임을 알려드립니다. 끝

* 각 레미콘 사별 납품현황 및 분담비율 기술

〈이하 생략〉

그림 2.21 균열보수 모습

선무당에 해당하는 시공현장 품질관리자들을 올바른 기술자로 가르칠 수 있는 사회적 교육시스템이 우선적으로 필요하다고 느껴진다.

또한, 계약과 관련한 경우는 언제나 을이 일방적으로 갑의 요구를 수용할 수밖에 없는 처지인데, 이를 바로잡을 수 있는 제도적 장치의 마련 또한 요구된다.

그러나 무엇보다 중요한 문제는 다른 곳에 있다고 생각한다. 짧은 시간에 기하급수적으로 발전한 우리나라 건설공사의 경우 만연된 그동안의 무수히 많은 변칙을 건설 선진국이 되기 위해서라면 정확한 원칙 아래 아무리 시간이 많이 걸리고, 경우에 따라서는 발전이 조금 늦을지라도, 원칙에 입각하여 모든 제도를 바로 세우는 것이 가장 중요한 일이 아닐까 생각해 본다.

6

망하거나 아니면 사기다.

오래 전의 일이지만 건설현장 감리자로부터 전화를 받은 적이 있다. 주문한 레미콘의 경우 호칭강도값이 24 MPa인데, 콘크리트 타설 후 공시체에 대하여 압축강도를 시험한 결과 호칭강도 값보다 두 배 이상 큰 50 MPa의 압축강도가 발휘되었다고 하면서 강도의 상한 값은 없는지? 혹은 너무 강도가 크면 문제가 되는 것은 없는지?에 대한 질문이었다.

우리나라의 콘크리트 표준시방서나 KS F 4009(레디믹스트 콘크리트)의 어느 부분을 찾아보아도 하한치는 규정되어 있어도 너무 크면 안 된다는 상한치는 없다. 왜 그럴까? 그것은 상식적으로 큰 강도로 만들면 돈이 많이 들기 때문에 경제원리를 아는 사람이라면 어느 누구라도 규정치에만 맞추려고 노력하기 때문이다. 즉 24 MPa 정도가 나오도록 레미콘을 배합설계할 경우 레미콘 공장의 품질변동이 10 % 정도라 가정하면 복잡한 식은 생략하고, 증가계수는 1.21 정도로서, 24×1.21=29.0 MPa가 된다.

그림 2.22 압축강도 시험모습

그러므로 레미콘사는 주문한 24 MPa 레미콘을 제조할 때는 목표로 정하는 배합강도를 29 MPa에 두고 레미콘을 생산하는데, 생산과정에서 이런 저런 변동으로 약간 크게 나오기도 하고 또는 약간 작게 나오기도 한다.

그렇지만 통계학적으로 불가능한 것은 아니지만 대략 24~34 MPa 범위에서 나타나는 것이 일반적인데, 50 MPa를 나타냈다. 그것도 한 번도 아닌 여러 번의 시험결과가 모두 그렇다고 하면 그 원인은 둘 중 하나이다. '레미콘사가 머지 않아 망하거나 아니면 사기다.'

모든 레미콘 공장이 일정한 할증으로 레미콘을 생산하므로서 한 푼이라도 아끼려고 애를 쓰는 것이 현실인데, 두 배의 강도를 낸다면 두 배의 가격은 아닐지라도 그 많은 비용을 들여서 과연 가능한 일일까? 어느 레미콘사의 사장님이나 레미콘 생산 책임자가 시멘트를 너무 많이 넣어 재고가 바닥났다고 하소연하는 이야기도 들은 적이 있지만(후에 그 회사는 부도처리되어 망했음), 이런 식이 계속되면 레미콘사는 경쟁력을 잃고 망할 수밖에 없다.

출처 : 김종선 기자/"원주시가 무단.불법. 행정배려를 감추는 것이 아닌가?"/ⓒ 뉴스타운(본 사진은 본 문과 관련 없는 임의의 사진임)

그림 2.23 레미콘 공장모습

그런데 그만큼 큰 강도를 내면서도 멀쩡하게 레미콘 공장을 잘 운영하고 있다면 이번에는 사기치는 것을 의심할 수밖에 없다. 보통 쓰이는 재료로서 돈을 덜 들이고 강도를 두 배 낼 수 있는 기술이 있다면 그럴 수도 있지 않겠느냐 하겠지만, 필자가 아는 상식으로는 그럴 수는 없다. 만약 그런 방법이 있다면 바보가 아닌 이상 동일한 강도를 내면서 원가를 절감하는 것으로 활용하지 품질을 두 배 이상 올리지는 않는다. 그러면 어떠한 방법으로 두 배의 강도를 낼까?

시험 · 검사하는 차량만 강도를 높여가는 등 다양한 편법이 있겠지만 제일 크게 문제시되는 것은 공시체 관리, 즉 공시체 제작이며, 양생, 공인기관에 강도시험 의뢰 등 모두를 현장의 번잡성, 인건비 절감 및 시험비 절감 등의 이유로 현장시공 건설사가 레미콘사에 전가하고 있는 데 문제가 있다. 각자가 맡은 역할을 충실히 수행할 때, 즉 시험차량을 미리 지정하지 않고 도착된 차량 중 무작위로 차량을 선택하여 시료를 채취하고 공시체를 만든 다음, 현장실험실에서 양생하고, 현장 시험기로 강도를 시험한다면 과연 두 배 이상 큰 압축강도가 나올 수 있겠는가?

표현이 적절한지 모르겠지만 '생선가게를 고양이에게 맡긴' 격으로서 이와 같은 시스템을 해결하지 않고서는 올바른 건설물의 강도 품질을 기대하기란 요원할 것 같다.

출처 : http://bopstory.tistory.com/2806

그림 2.24 고양이와 생선

7

별것도 아닌 것을?

우리가 세상을 살다 보면 쉽게 알 수 있는 것인데도 지레 겁을 먹는다든지 당황하게 되면 옳게 판단하지 못하는 경우가 있다. 머릿속이 하얗다는 등 하는 것이 그런 것이다. 따라서 콘크리트 균열을 진단하는 과정에서 어느 시기에 균열이 발생하였는가에 관한 것으로 책임소재를 가릴 때 일어났던 별것도 아닌 것에 대하여 소개해 보고자 한다.

2017년도 일본건축학회 학술발표대회는 일본의 남쪽인 히로시마에서 열리게 되어 몇 명의 대학원생들과 함께 다녀온 적이 있다. 마침 호텔 앞에는 공사현장이 있었고, 그 옆에는 담장이 있었는데, 담장에 그림 2.25~2.27과 같은 균열이 발생한 것을 발견하였다. 시간의 여유도 있고 하여 대학원생들에게 질문을 하나 던졌다. “저 담장의 균열이 왜 갔을까?” 옆 공사현장의 영향으로 균열이 발생한 것인지 아니면 본래부터 균열이 있었던 것인지?

대학원생들은 내가 묻는 질문을 너무 고차원적으로 생각했는지 한참을 고민하다가는 잘 모르겠다고 대답하였다.

비슷한 상황으로 또 다른 진단에 자문위원으로 참여했던 기억이 나서 그 이야기를 들려주며 당시의 상황을 설명하였다.

아마 20여 년 전으로 기억이 된다. 서울고속터미널 근방 7호선의 지하철 공사 때의 일이다. 지하철이니만큼 건물 기초부분에서 공사를 진행하게 되었는데, 지하철 선로 옆 아파트에서 균열이 문제시되었다. 당연히 입주민들은 지하철 공사 때문에 균열이 발생했다고 하고, 지하철 공사 담당자는 원래부터 있었던 균열이라고 주장하였다. 따라서 지하철 공사의 영향인지 아니면 원래부터 있었던 것인지에 대하여 중간적 입장인 국가의 모 기관에 진단이 의뢰되었다.

진단 관계자는 이 분야의 자문을 위해 전문가를 찾았는데, 쉽게 찾을 수 없었다고 하며, 본인에게 자문을 요청하는 것이었다. 실은 소송이라든지 이해관계가 첨예하게 대립되는 경우에는 잘못하면 낭패를 보는 경우가 많아 망설였다. 예전에 국내 모 건설업체에서 준공을 앞둔 아파트의 여름철 지하 주차장에 물이 고여 있는 상황에서 방수 결함인지 결로인지를 판정해 달라는 의뢰를 받고 현장을 방문하여 상황을 분석한 다음 결로에 기인한

그림 2.25 현장전경

그림 2.26 담장부분의 균열

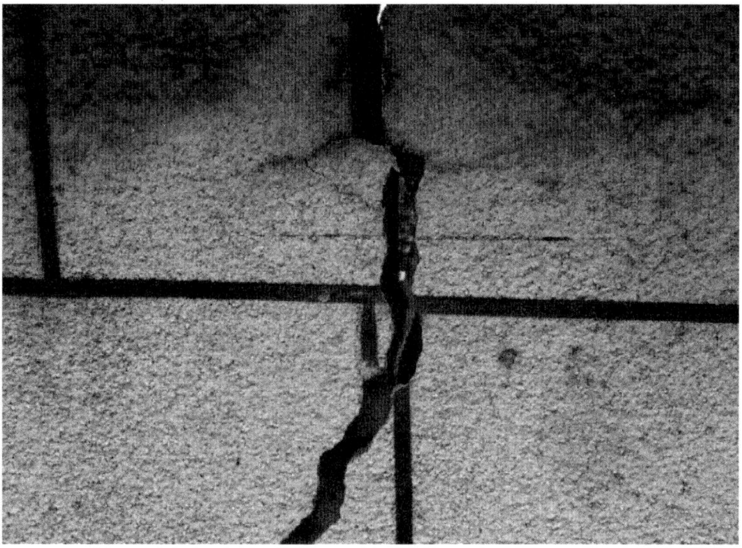

그림 2.27 확대된 균열

것이란 소견서를 작성해 준 적이 있다. 그것으로 그 아파트는 준공처리되었는데, 그 결과는 입주민들의 요구와 반대되는 내용이다 보니 PC 통신에 내 이름이 올라가게 되었고, 여기에 온갖 추측성 댓글에 비방글까지 달리며 곤욕을 치러본 터라 조심스러웠다.

그렇지만 워낙 간곡히 요구하므로 할 수 없이 자문에 응하였다. 우선 진단 담당자의 설명을 듣고, 안내에 따라 아파트 주변의 상황을 둘러보고 지하실에도 들어가서 전반적인 균열양상을 살펴보았다. 그리고 난 다음 진단 담당자에게 조언을 해주었다.

"자, 잘 보십시오. 여기 이 균열에는 검게 때가 끼어 있지요. 그런데 이 균열을 보십시오. 이것은 하얗고 깨끗하게 찢겨져 있어요. 그럼 결론은 무엇입니까? 별것도 아닌 간단한 것입니다. 즉 검게 때가 끼어 있는 균열은 종전에 균열이 발생했던 것이고, 하얗고 깨끗하게 찢겨져 있는 것은 이번

지하철 공사의 영향으로 균열이 발생한 것입니다. 물론 검은 균열 끝부분에 하얀 균열이 보이는 것은 종전에 있던 균열이 지하철 공사의 영향으로 확대된 것입니다."

콘크리트에 대한 엄청난 수학공식도 엄청난 화학적 지식도 요구되는 것이 아닌 일반상식인 것을 너무 어렵게 생각함으로써 머릿속이 하얗게 되어 지레 겁을 먹고 진단에 임하다 보니 그저 모든 균열이 균열일 뿐 분명한 진단을 내리지 못하고 당황하는 상황이 되는 것이다.

진단업체 관계자는 중요한 것을 명쾌하게 결론을 내려주었다고 몇 번이고 고맙다는 인사를 해주었다. 아마도 추측건대 특별한 이의 제기 없이 분쟁 문제는 해결되었고, 진단에 따라 보수보강도 명쾌하게 되었지 않았을까? 하는 생각이 든다. SNS에도 주민들이 댓글을 달며 나를 비방하는 글 또한 없었던 것으로 기억되니 무사히 해결되지 않았을까 하는 생각도 들었다.

그림 2.28 일본건축학회 참석사진

이와 같은 설명을 마치고 이번에는 일본 호텔 앞 공사장 이웃 담장의 균열에 대하여 대학원생들에게 다시 물었다. 대학원생들의 경우 이번에는 세밀하게 균열을 살피는 눈빛이 달라졌다. 여기까지는 종전에 발생한 균열이고, 여기서부터 이곳까지는 인근 공사현장의 영향으로 이번에 균열이 더 간 것이군요. 대학원생들도 이제는 명탐정 내지 명심판관이 된 기분으로 흥분된 얼굴을 보였다. 결국 별것도 아닌 것을?

8

세상에 귀신이 곡할 노릇?

우리가 마술을 볼 때면 늘 하는 말이 '귀신이 곡할 노릇이다'라는 말을 한다. 눈앞에서 분명히 보고 있는데도 불구하고 상황이 바뀌고, 새로운 물질이 나타나거나, 없어지기도 하는 등 상상이 안 가는 신기한 일이 발생하니 귀신이 곡할 노릇이라고 하지 않겠는가?

그러나 우리 모두 마술이란 것은 눈속임이라는 것을 다 잘 이해하고 있다. 어느 TV방송에서 마술을 파헤치면서 이렇게 하는 것이다.라고 소개할 때 아하! 그렇구나. 하고 이해한 적이 있다.

출처 : m.blog.naver.com/PostList.nhn?blogId=poohhng1

그림 2.29 마술 모습

결국 마술의 경우 눈속임 방법을 알고 보면 멋쩍은 일이 될 것이고 그것을 모르고 보면 귀신이 곡할 노릇이 되는 것이다. 어떻게 보면 귀신이 곡할 노릇이란 것과는 의미가 조금 다를지 모르지만 지식이 부족해 이해가 잘 안 될 때도 곧잘 사용하는 말이 귀신이 곡할 노릇이 아닌가 싶다.

콘크리트가 마술일 수는 없지만 콘크리트에도 관계자가 그 내용을 잘 이해하지 못한다면 경우에 따라 귀신이 곡할 노릇이라고 말하는 경우도 있다.

사례를 들어보자. 오래 전 국가의 중요 건축물에 균열이 발생하여 자문을 진행한 적이 있다. 마침 자문위원 중에는 구조를 전문으로 하는 사람도 함께 참여했었다. 슬래브(Slab)에 발생한 균열은 별 문제없이 원인을 쉽게 규명할 수 있었다. 그런데 벽이 없이 기둥만으로 떠받쳐진 필로티 형식의 철근콘크리트 기둥에, 그것도 여러 개의 기둥 중 외각 코너 부분에서 그림 2.30과 같은 균열이 발생하였다.

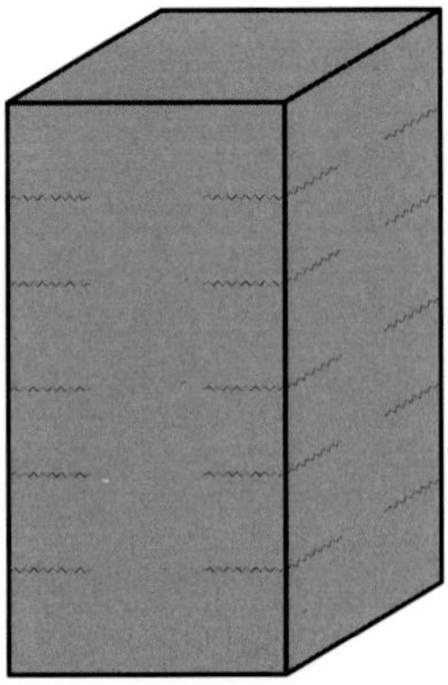

그림 2.30 기둥부재의 균열양상

네 모서리에서 일정한 간격으로 발생하였는데, 그 모습은 잡아당겨져서 발생한 인장균열인 것이다. 건물 중에서 기둥의 역할은 압축력을 받는 부재인데, 압축을 받는 부재에서 어찌 인장균열이 발생하였단 말인가? 또한 구조전문가는 건축물 전체적으로 횡력(수평방향의 힘)의 작용에 의한 휨균열로 가정해 보기도 했다. 휨균열이라면 기둥의 한쪽은 압축, 한쪽은 인장응력이 작용하는데 그렇게 되면 인장이 걸리는 기둥의 절반 이하는 연결된 상태로 균열이 가고 압축이 걸리는 절반은 균열이 없어야 한다. 결국 구조전문가의 말은 "귀신이 곡할 노릇이다"라는 진단이었다.

구조적 원인에 따른 결함이라면 구조전문가가 잘 진단할 수 있었겠지만, 재료 자체의 문제라면 구조전문가로는 어려울 수 있다.

이와 같은 균열의 원인은 콘크리트의 건조수축균열인 것이다. 콘크리트 재료 선정 및 배합 문제도 의심이 가지만, 나타난 상황만으로는 거푸집 탈형 후 시간의 경과에 따라 콘크리트는 건조가 발생하는데, 기둥의 내부는 거의 발생하지 않는 반면, 표면이 먼저 크게 건조하게 되어 수축이 발생하게 된다. 그것도 기둥의 모서리 면은 양쪽면에서 건조가 발생하기 때문에 수축이 더 크게 나타나는데, 건물 위치적으로도 코너 부분이면 햇볕이 잘 들고 바람까지 잘 통해 건조는 더욱 급속하게 일어난다.

그러므로 기둥의 중심부는 줄어들지 않는데 비해 표면만 줄어드는 상황이라 중심 콘크리트에 표면 콘크리트가 매달려 인장균열이 발생하는 상황인 것이다.

그림 2.31 기둥부재에 발생한 인장균열의 예

특히 균열은 기본적으로 약한 부분을 따라 발생하게 되는데, 기둥 표면으로부터 40 mm 정도 되는 위치에 기둥의 주철근을 옆으로 잡아주는 혁대 모양의 대근이 대략 300 mm 전후의 간격으로 감아주는데, 이 부분이 약점이 되어 이 부분을 따라 균열이 발생한 것이다.

이와 같은 균열을 방지하기 위하여 건조수축을 기본적으로 적게 일으킬 수 있는 재료 및 배합이 되도록 레미콘을 제조해야 한다. 또한, 타설된 콘크리트는 건조수축응력에 대응할 만큼 충분히 양생을 실시하여 강도가 충분히 발휘된 다음 건조가 일어나게 하고, 외부환경도 햇볕에 노출되지 않게 하거나 바람을 막아줄 수 있는 가림막 설치 등의 대책도 요구된다.

결국 콘크리트공사에서 귀신이 곡할 노릇은 없다. 마술을 이해하지 못하여 희한하게 느끼는 것처럼, 콘크리트의 현상을 제대로 파악하지 못하여 귀신이 곡할 노릇이라고 지칭할 뿐이다. 따라서 콘크리트 전문가는

겸손한 자세로 충실히 연구하고, 노력하여 콘크리트에 발생하는 여러 현상들을 확실히 이해하고, 진단할 수 있도록 능력을 배양해야 할 것이다.

그림 2.32 건축물 진단 모습

9

기능공의 장인정신

학생 백과사전에 의하면 장인정신(匠人精神)이란 '자기가 하고 있는 일에 전념하거나, 한 가지 기술을 전공하여 그 일에 정통하려고 하는 철저한 직업정신'을 말한다. 우리 민족은 예로부터 일정한 직업에 전념하거나 한 가지 기술을 전공하여 그 일에 정통한 사람을 '장이'(사투리로는 쟁이)라고 하였는데, 이는 우리의 정신 속에 내면화되어 있는 철저한 전문가적 직업정신과 윤리의 한 표현인 것이다.

그런데 콘크리트 타설 작업인 경우는 수없이 많은 상황이 발생할 수 있다. 따라서 감리·감독이나 품질담당기사가 콘크리트 타설 시 입회하는 것이 원칙이지만, 경우에 따라서는 보지 못하는 경우도 있으므로 콘크리트 타설 기능공은 철저한 장인정신으로 사명감을 갖고 콘크리트 품질에 결함이 발생하지 않도록 노력해야 한다. 콘크리트 타설 기능공의 간단한 실수 혹은 안일한 생각으로 대수롭지 않게 넘어간 것이 건설물에는 치명적인 피해를 입힐 수도 있으므로 여기에서는 그와 같은 상황을 예로 들어 설명해 보도록 한다.

출처 : conpaper.tistory.com/62423

그림 2.33 콘크리트 타설 모습

좀 오래된 일이지만 서울 근교 도시에 준공 후 14년된 주상복합 고층건물의 지하 3층의 1개 기둥이 어느 날 갑자기 그림 2.34 및 2.35와 같이 큰 굉음을 내면서 압축파괴(압괴)현상을 일으켰다. 건물이 붕괴될 뻔한 상황인 것이다.

사고발생 후 건축물의 안전진단을 맡은 기관에서는 진단을 진행하면서 왜 14년 동안 멀쩡하게 있다가 갑자기 한 개의 기둥이 압괴를 일으켰는지 사진을 보내오면서 본인에게 자문을 요청받은 적이 있는데, 그 사건에 대하여 다음과 같이 회신하였다.

그림 2.34 기둥좌굴현상

그림 2.35 기둥파괴 사진

먼저, 대상 건축물이 준공 후 14년이 경과된 시점에서 갑자기 큰 붕괴음과 함께 1개 기둥이 압괴현상을 보인 것은 장기간 지속적인 하중에서 변형이 증가하여 항복상태에서 파괴에 이르는 크리프(Creep) 파괴로 분석된다. 즉 그림 2.37의 ①곡선과 같은 경우는 정상적인 콘크리트 구조체로 문제가 되지 않지만, ②곡선과 같은 경우는 초기하중이 파괴하중에는 다다르지 않았을지라도 장기간(본 구조물인 경우는 14년) 경과 후 어느 시점 이후 갑자기 변형이 증가하면서 항복상태를 이루며 압괴되는 크리프 파괴 모드인 것으로 사료된다.

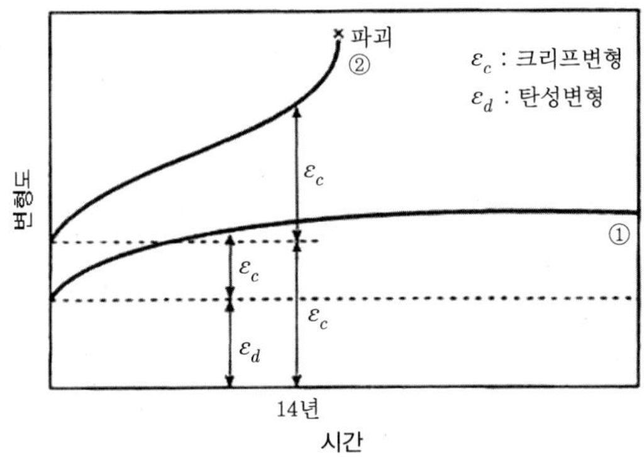

그림 2.37 콘크리트의 크리프 현상

또한, 크리프 파괴의 원인분석으로 압괴의 파괴모드에 이른 것은 크게 두 가지 측면에서 고찰해 볼 수 있다.

① 과다응력의 집중
② 부재의 내력저하

과다응력의 집중은 한열 혹은 일정한 패턴으로 전개되는 것이 일반적이다. 일례로 부분적인 지내력 차이에 따른 부동침하라든가, 한 층의 일부분은 A레미콘사, 또 다른 부분은 B레미콘사가 타설한 경우 사용재료 및 배합조건의 다름에 기인한 탄성계수 차이로 경계면에서 기둥, 보 등에 전단균열 등 결함이 발견될 수는 있다. 그러나 본 대상 구조물의 경우는 중간부에 위치한 한 개의 기둥으로 특별한 이유 없이 이 부분에만 과다응력이 집중되었다고 보기는 곤란하다.

따라서 본 압괴의 파괴모드는 해당 기둥의 내력저하로 규명할 수밖에 없다. 즉 파괴부분에서는 그림 2.37의 ②와 같이 이 부분에서의 콘크리트 강도저하를 지적하지 않을 수 없다. 아마도 압괴부분 콘크리트의 압축강도는 일반 콘크리트 압축강도의 1/3 이하, 즉 10 MPa도 되지 않을 것으로 추측된다.

그림 2.37 파괴된 콘크리트 모습

가능성 있는 시나리오는 다음의 두 가지 상황으로 나누어 볼 수 있다.

① 버림 콘크리트 등 저품질 레미콘 타설
② 휴식시간 후 재료분리된 모르타르 혹은 페이스트 유입

먼저, 첫 번째의 가정은 해당 부분에 타 현장으로 가는 버림 콘크리트 등 저품질의 레미콘이 타설된 경우인데, 이 경우는 최소한 레미콘 한 트럭 분이 불량으로 나타난다. 그러나 주변 상황으로 보면 색깔의 차이라든가, 표면형상 차이가 없는 것으로 보아 이를 원인으로는 볼 수 없다.

그렇다면 두 번째의 경우로서 이는 침하균열을 방지하기 위하여 일반적으로 기둥의 콘크리트를 먼저 타설하고, 보, 슬래브 등의 순으로 돌려치기 하는데, 당 현장의 경우 해당 기둥을 완전히 타설하지 않고 2/3 혹은 3/4 정도 위치에서 휴식시간 혹은 펌프고장 등으로 작업이 중지되었다. 작업

이 중지된 상황이면 상부로 블리딩수가 떠올라 상부 콘크리트는 물시멘트비(W/C)가 커져서 강도가 저하될 수 있는데, 더욱이 휴식시간 혹은 펌프 고장과 같은 경우로서, 작업이 정지된 후 해당 기둥 부위부터 일체화되게 콘크리트를 타설하였더라면 문제가 없었을테지만, 다른 보부터 콘크리트를 부어넣는 상황이면서, 특히 가수 등으로 묽은 비빔이 된 콘크리트의 경우 재료분리되어 물시멘트비가 큰 페이스트 혹은 모르타르 부분이 높이가 낮은 기둥 부분으로 밀려 들어가 강도 및 탄성계수가 극히 작은 기둥 상부를 만듦으로써 압괴의 파괴양상이 나타난 것으로 사료된다.

결국 건물이 붕괴될 뻔한 기둥 콘크리트의 압괴사고는 확인하지 않은 품질관리 담당자에게도 일부 책임은 있겠지만, 제일 크게는 콘크리트 타설 기능공의 부주의에 기인한 장인정신이 결여됨에 따라 나타난 현상이다. 콘크리트 타설 작업은 3D업종에 속할 만큼 어려운 작업이다. 힘들고, 짜증도 나고 괴롭기도 하겠지만 기둥이 파괴되어 건물이 붕괴될 위험이 있을 정도라면 큰 문제가 아닐 수 없다.

모두 동일한 원인은 아닐지라도 내 일생에 기둥이 파괴되어 붕괴에 이를뻔한 현장을 진단 혹은 자문한 적이 5번이나 있다. 이와 같은 상황은 전국가적으로 적은 경우가 아니므로 건설관리자들은 콘크리트 타설 기능공들에게 충분한 교육과 아울러 사명감을 일깨워줌으로써 차후에는 더 이상 기둥이 파괴되어 건물이 붕괴될 위험에 직면하는 아찔한 상황이 발생되지 않기를 진정으로 기대해본다.

10

이이제이 전략

이이제이(以夷制夷)란 以(써 이), 夷(오랑캐 이), 制(절제할 제), 夷(오랑캐 이)로서 '오랑캐를 써서 오랑캐를 다스린다'는 뜻이다.

옛날에 중국 본토에서 주가 되는 국가입장에서 보면 주변국들은 모두 오랑캐들인데, 오랑캐인 어느 한 나라에서 문제를 일으켰을 경우 자신들의 힘으로 해결한다면 많은 희생이 따르게 된다. 따라서 이를 인근 국가인 또 다른 오랑캐로부터 문제를 일으킨 오랑캐를 해결하게 함으로써 자국은 아무 피해 없이, 즉 손 안 대고 코 푸는 격으로 손쉽게 주변국을 다스리는 전략을 말하는 것이다.

꼭 맞는 비유는 아닐지라도 콘크리트에도 이와 유사한 사례가 있어 소개해 보고자 한다. 이 내용은 제자인 김정진 박사가 일본 동경대학에서 박사학위를 받은 내용임을 먼저 밝혀둔다.

그림 2.38 일본에서 김정진 박사와 함께

일반적인 건설구조물은 콘크리트 속에 철근이 배근된 상태로 이루어져 있다. 그런데 대기 중의 탄산가스로 말미암아 콘크리트의 알칼리성이 중성으로 바뀌거나 혹은 중성으로 바뀐 상태에서 염화물이 침투하게 되면 습기가 존재하는 상태에서는 철근에 부식(녹)이 발생하게 된다.

철근에 녹이 발생하면 이번에는 철근의 부피가 팽창하여 표면의 콘크리트를 밀어냄으로써 균열을 발생시킨다. 이렇게 균열이 발생하면 수분의 침투가 더욱 가속화되어 철근의 녹은 더욱 진전되고 그림 2.39 및 2.40과 같이 표면 콘크리트는 박리되고, 철근이 받을 수 있는 힘(내력)을 상실하게 되는데, 이렇게 되면 철근콘크리트 구조물은 수명을 다하게 되는 것이다.

그림 2.39 중성화에 따른 철근부식

그림 2.40 염해에 따른 철근부식

따라서 이와 같은 문제를 해결하는 방법으로 첫째는 중성화 혹은 염화물이 침투해도 철근에 녹이 슬지 않게 하기 위한 대책으로 철근에 에폭시 도료를 칠해주는 방법, 스테인리스 스틸처럼 녹이 안 나는 합금 혹은 도금된 철근을 이용하는 방법, 탄소섬유봉을 이용하는 방법 등이 있다.

둘째는 콘크리트 대책으로 고강도 콘크리트와 같이 조직을 치밀하게 하여 탄산가스나 염화물이 침투하지 않게 하는 방법, 녹이 슬지 않게 하는 방청제라는 약을 콘크리트에 넣어주는 방법, 합성수지 재료를 콘크리트에 넣어주는 폴리머 콘크리트 방법 등이 있다.

셋째로는 콘크리트 표면에 막을 형성하게 하는 것으로 에폭시 페인트 도장, 타일 붙임 마감, 비닐막과 같은 불투수성 재료마감(방수 포함) 등이 있는데, 역시 상기 세 방법 중 어느 방법으로 결정할지는 성능과 가격 간의 관계로부터 가치공학적으로 판단하게 되는 것이다.

그런데 본 주제의 대상이 되는 '이이제이' 방법은 두 번째에 해당하는 콘크리트 대책으로 누구도 생각하지 못했던 방법인 콘크리트 제조 시에 철근과 같은 성분인 철 분말(철가루)을 콘크리트에 넣어주는 것이다. 그렇게 되면 정상적인 상태에서는 소량의 철 분말이 콘크리트 속에서 골재와 같은 역할로 존재한다. 하지만 콘크리트 표면부터 중성화 혹은 염화물이 침투하게 되면 이제는 넣어준 철 분말이 부식을 일으키게 되면서 부피가 팽창하게 된다. 즉 이때 부식으로 팽창한 부피는 콘크리트 내부로 탄산가스나 염화물이 통하게 되는 모세관공극이며, 기타 공극 부분을 메워주게 된다. 그렇게 되면 이제 더 이상의 탄산가스나 염화물이 침투하는 것을 막아 내부의 철근을 녹슬지 않게 유지시켜 주는 것이다.

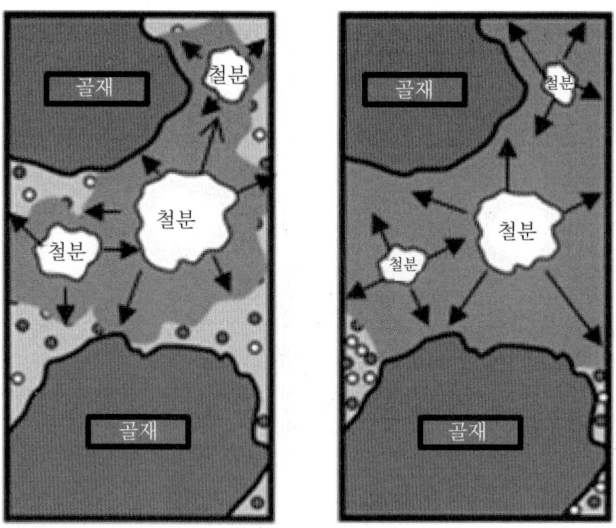

그림 2.41 김정진 박사 논문 중

결론적으로 오랑캐를 써서 오랑캐를 다스리는 것과 같이 콘크리트에 철가루를 넣어주어 이 철가루가 녹이 나는 것으로부터 콘크리트 조직을 치밀화하여 내부 철근을 건전하게 보존함으로써 콘크리트의 '이이제이' 전략이 완성되는 것이다. 다만, 주의해야 할 점은 지나치게 철가루를 많이 넣어주면 예산낭비는 물론이고, 이 철가루의 부식 팽창으로 콘크리트를 파괴시킬 수 있고, 너무 적으면 효과가 반감될 수 있으므로 적당량을 혼입하는 것은 매우 중요한 사안이 된다.

출처 : hosung industury/hosung114.com

그림 2.42 철 분말

11

콘크리트가 허물을 벗는다?

매미나 잠자리와 같은 곤충은 애벌레에서 성충이 되기 위하여 허물을 벗는다. 그런데 콘크리트가 곤충이 아닐텐데 겨울을 지나고 나면 허물을 벗는 현상이 발생하는 경우가 있으니 의아한 일이 아닐 수 없다. 마침 아들이 미국에서 유학하던 시절인데, 아들에게서 메일이 왔다. 제목은 「오늘 뉴스에서…」라고 하며 '한겨레 신문'의 금강 공주보의 난간에서 그림 2.43과 같이 준공 반년 만에 콘크리트 표면이 허물을 벗듯 무더기로 떨어져 나갔다고 하는데 그 원인이 무엇인가요? 라는 내용이었다.

특히 최근 들어 이와 같은 동해 열화현상은 국내 이곳저곳에서 매우 많이 발생하여 심각한 상황에 놓여 있다.

출처 : 전진식 기자/"반년도 안된 공주보 난간 콘크리트 '쩍쩍'"/ⓒ 한겨레신문사/2013년 1월 29일

그림 2.43 공주보 교량 난간의 콘크리트 표면박리

공주보 교량 이외에도 그림 2.44 및 그림 2.45는 최근에 문제시되고 있는 콘크리트 표면박리동해(Scaling)현상의 모습이다. 동해는 늘어나서

파괴되는 팽창성 동해, 군데군데 떨어져 나가는 팝 아웃(Pop out) 동해, 표면층이 벗겨지는 표면박리 동해로 분류된다. 이번에 중요시되는 표면층 박리동해는 다음의 3가지 원인으로 설명될 수 있다.

1) 물시멘트비가 큰 콘크리트가 동결융해 작용을 받음으로써 발생하는 일반적인 스케일링
2) 해수, 염화칼슘 등에 포함된 염화물과 동결융해작용이 복합됨으로써 발생하는 스케일링
3) 블리딩수가 치밀한 마감표면층 밑에 모여짐으로써 이 부분에서 동결 박리하는 시공부실에 의한 스케일링

그림 2.44 스케일링 동해의 예(1)

이와 같은 문제의 해결책으로는 크게 두 가지로 생각해 볼 수 있다. 순박한 이야기이지만 방수문제를 해결하는 최상의 방법은 하늘에서 비가 안 오게 하는 것처럼, 동해문제를 해결하는 것은 콘크리트를 얼지 않게 하는 것이다. 그런데 외기에 면한 콘크리트를 어떻게 얼지 않게 할 것인가?, 할 수 있는 방법이 있다면 강구하겠지만 그렇지 않다면 이번에는 콘크리트의 저항력을 높이는 것이다. 그 방법으로는 원인으로부터 역추적하여 찾을 수 있다.

스케일링 동해를 방지하기 위한 가장 기본이 되는 것은 강도가 큰 콘크리트로 시공하는 것이다. 예로 중부고속도로와 같은 도로인 경우는 KS F 4009 포장용 콘크리트의 휨 4.0 MPa, 4.5 MPa 중에서 4.5 MPa로 설계되어

있다. 휨 4.5 MPa이라면 압축강도로는 35 MPa 전후로 발휘되지 않을까 싶다.

그림 2.45 스케일링 동해의 예(2)

그러나 건축물 주변 주차장 혹은 도로의 경우는 토목 분야의 설계자가 아닌 건축사가 설계하게 되는데, 건축물은 예술적으로 아름답게 하고 건축물 구조체도 고강도로 하는 등 많은 노력을 기울이고 있지만, 주변도로나 주차장 등은 부대 토목으로 간주하여 대수롭지 않게 생각하고 18 MPa 등 저강도로 설계하는 경우가 많다. 그렇게 하다 보니 예년에는 3~4년 가던 것이 가혹한 기상조건인 최근에는 1년도 견디지 못하고 겨울을 지나고 나면 표면이 모두 벗겨지는 표면층 박리동해가 발생한다. 경우에 따라서는 차량통행에 따라 마모현상으로 인하여 먼지까지도 발생하고 있는 심각한 상황이다.

콘크리트 표면이 동결융해작용으로 벗겨지는 스케일링 동해는 콘크리트강도가 가장 중요하지만, 재료분리현상과도 연관이 깊다. 즉 레미콘 배합의 경우는 골재 중 점토분 등 미립자량이 과다한 경우 골재의 불연속 입도분포(Gap grading), 지나치게 큰 모래의 비율(S/a), 부족한 점성, 지나친 혼화재 치환, 과다한 슬럼프치 등을 들 수 있고, 또한 시공과정에서는 부적합한 다짐(재료분리 유발), 블리딩수의 처리 불량, 지나치게 빠른 마감시공 등 시공불량도 문제를 유발할 수 있다. 예로 40 MPa 정도인 고강도 콘크리트일지라도 블리딩이 생긴 위에서 콘크리트를 다지는 등 지나치게 마감처리하게 되면 표면부의 강도는 극히 낮아져 표면층 박리동해가 발생하게 된다.

또한, 콘크리트의 사용과정 중 표면층 박리동해의 중요한 요인은 염해환경에 노출되는 것이다. 물론 바다에 인접한 콘크리트인 경우야 바다 환경으로부터 염화물이 침투되지 않게 하는 대책을 세우겠지만, 대책이 전혀 없는 내륙지방 콘크리트에 눈을 녹이기 위한 엄청난 염화칼슘 등 염화물을 살포하는 것은 큰 문제가 아닐 수 없다. 적은 양의 눈이 왔음에도 한 해 겨울을 나기 위해 준비한 염화칼슘이 순식간에 동이 나고, 소금값이 오를 정도로 염화물을 살포하고 있는 것이 우리나라의 현실이다.

출처 : m.cafe.daum.net/paintzone/274/485?

그림 2.46 일본 북해도 삿포로 유끼마쓰리

필자의 경우 일본 북해도 삿포로에 1년간 거주한 경험이 있는데, 겨울에 많은 양의 눈이 매일같이 내려도 한 번도 염화칼슘을 살포하는 것을 본 적이 없다. 눈이 오면 치우거나 열선 등으로 녹이는 처리를 해야지, 엄청난 염화칼슘을 살포하는 것은 표면층 박리동해가 크게 발생하는 것은 물론이고, 교량, 고속도로 등에 염해에 의한 철근부식 및 알칼리 골재반응 등 앞으로 수십년 내에 콘크리트구조물에 엄청난 피해로 다가올 수 있다.

차량통행이 좀 잘 안 되고, 또 다른 부작용이 있을지라도 염화칼슘 등 염화물을 콘크리트구조물에 막대하게 살포하는 것은 하루라도 속히 근절되어야 할 것이다.

출처 : 이경화 기자/남해고속도로 제설작업 염화칼슘 폭탄/경남도민신문/2012년 12월 9일

그림 2.47 염화칼슘 살포

문제의 파악이 정확히 이루어지면 대책은 문제에 따라 수립하면 된다. 즉 한 해 겨울을 지나고 나면 콘크리트가 허물을 벗는 표면층 박리(Scaling)동해를 방지하기 위하여 설계과정에서 콘크리트의 고강도화, 레미콘 배합 및 시공과정에서의 철저한 품질관리, 사용과정에서의 염화물 살포 금지가 문제의 해답이다. 이 문제는 늦기 전에 하루속히 전 국가적으로 대책을 수립할 필요가 있다.

12

교회에서 간증을?

출처 : ⓒ기독신문

그림 2.48 ○○교회

나는 교회에 다니지 않는다. 단지 교회 옆에 살고, 내 아내가 교회에서 권사직을 맡고 있을 뿐이다. 그렇지만 겨울철 콘크리트가 얼게 되어 문제시되는 초기동해 깊이를 진단하는 과정에서 새롭게 알게 된 것을 아내와 대화를 나눈 적이 있는데, 그때 갑자기 나에게 교회에 가서 간증이라도 해보면 어떻겠냐고 권유를 받은 적이 있다.

따라서 이와 같은 내용과 관련하여 여기에서는 새롭게 알게 된 초기동해 깊이진단 방법 등 일련의 사안들에 대하여 소개해 보고자 한다.

2017년 1월 13~14일에 발생한 일의 기억이다. 그때는 매우 추웠었다. 그런데 강원도의 경우는 더욱 추울 수밖에 없다. 물론 이렇게 추운 날씨면 물을 사용하는 콘크리트공사는 중단하는 것이 좋다.

그러나 안 좋은 일은 겹쳐서 온다고 하던가? 국내 모 건설사에서는 강원도에서 제일 추운 날에 무리하게 콘크리트공사를 진행하게 되었다. 콘크리트 타설량이 많아 밤늦게까지 이어지다보니 일부 콘크리트 타설 기능공들은 너무 힘들게 되어 공사를 포기하고 현장을 떠나는(도망가는) 상황이 발생하였다.

기능공들의 사정도 이해가 안 가는 것은 아니지만 타설 중이던 콘크리트는 어찌하라는 말인가? 야간에 비상상황이 발생한 경우로서, 이에 대한 대처로 사무직 건설관계자까지 모두가 동원되어 어렵게 콘크리트 타설은 새벽까지 진행하여 완료했지만 보온양생까지는 역부족으로 다음날 난방을 가동하기는 하였지만 일부 콘크리트 표면이 어는 초기동해 피해를 막을 수는 없었다.

그런데 건설공사 운영체계로 발주처에는 감독자가 있고, CM(건설관리)사에는 감리자도 있다. 따라서 간단히 도급공사를 수행하는 현장기술자들만의 판단으로는 해결되기 어려운 상황으로 초기동해 범위 및 보수보강 방안의 기술적 대책마련이 요구되었다. 이에 공사 관계자간 회의 끝에 해당 전문가 중 적임자로 내가 선정되어 초기동해 진단 및 보수보강 방안을 마련하는 용역을 수행하게 되었다.

나는 우선 현장상황을 파악한 다음, 대학원생 중심으로 진단팀을 꾸리고, 작업계획을 수립하였다. 초기동해 피해 당일 타설한 전체 물량 중 초기동해 피해가 의심되는 슬래브의 일부 구역을 정한 다음, 평면적으로 초기동해 여부를 파악하고, 그 깊이를 추정해야만 했다. 그래야만 보수보강을 실시할 물량이 산출될 수 있기 때문이다.

콘크리트가 초기동해를 입게 되면 콘크리트 조직 내 모세관공극 속의 물이 얼어 체적이 팽창하므로 조직이 이완됨으로써 강도가 작아질 수밖에 없다. 따라서 평면적인 초기동해 피해 범위로는 표면 타격 시 반발경도로 압축강도를 추정하는 그림 2.49와 같은 슈미트 해머를 이용하여 피해범위를 측정하였다. 전체를 4 m 간격의 그리드를 치고 전면을 타격하여 반발도를 구하였다. 100점 이상을 타격하여 한 장의 도면 위에 종합하다보니 평면적으로 초기동해를 입지 않은 지역, 간단히 표면만 피해를 입은 경미한 지역 및 어느 정도 깊이까지 피해를 입은 심각한 지역이 지도로 구분되었다.

그림 2.49 슈미트 해머 측정 모습

그림 2.50 철근 탐지

이제 남은 문제는 초기동해 깊이에 대한 진단이었다. 국내 · 외 어느 책을 찾아보아도 초기동해 깊이를 진단하는 내용은 나와 있지 않았다. 이유는 초기동해를 받지 않게 하는 것이 요점이므로 그런 일이 발생한 적이 없기 때문이다.

그림 2.51 코어채취 모습

따라서 나는 최초의 생각으로 초기동해 피해지역에서 원기둥 형상의 코어를 채취한 다음 상·중·하의 높이별로 절단하여 압축강도를 시험하는 것으로 그 깊이를 판단할 생각이었다. 즉 초기동해를 입었으면 조직이 이완되어 압축강도가 건전부보다 작게 나오지 않겠는가? 하는 생각이었다. 따라서 그림 2.50과 같이 철근탐지기로 철근 위치를 피하여 건전부 1개소, 경미한 피해 3개소, 심각한 피해 3개소로 합계 7개를 선정, 그림 2.51과 같이 코어를 채취한 다음 준비된 랩으로 감싼 뒤 학교 실험실로 운반하였다.

현장을 다녀온 지 3일쯤 지났을까, 현장에서 채취한 초기동해 깊이 측정용 코어 공시체를 대학원생에게 연구실로 가져오게 하였다. T탁자 위에 7개의 시료를 올려놓고 랩을 벗기도록 했다. 물이 흡수된 상태라 그림 2.52의 상부와 같이 아무런 차이를 발견하지 못하였다. 그때 마침 졸업한 제자가 연구실을 찾아와 30분 정도 차 한잔하면서 대화를 나눈 다음

구분	건전부	경미한 피해			심각한 피해		
	1	1	2	3	1	2	3
랩에서 벗겨진 모습	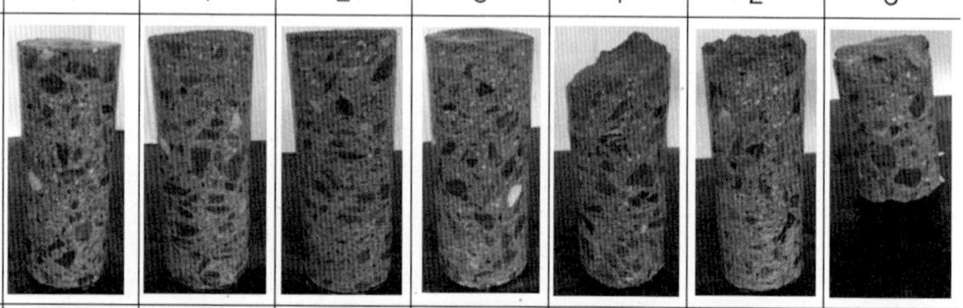						
일부 건조 후 모습	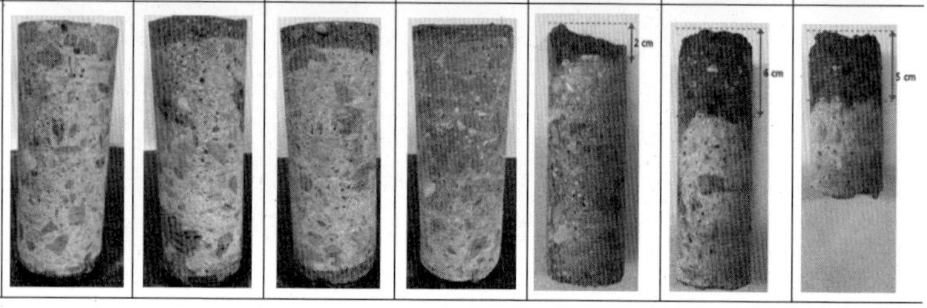						

그림 2.52 코어채취 모습

돌아갔는데, 이게 웬일인가? 벗겨진 코어 공시체에서 그림 2.52의 아래 부분 우측 상부와 같이 초기동해 피해를 입은 부분이 선명하게 진한 색으로 구별지어지는, 즉 피해를 입은 부분은 진한 색, 입지 않은 부분은 밝은 색을 나타내는 것이 아닌가? 흥분되는 상황이었다. 이것은 분명 하나님께서 나에게 '초기동해는 이렇게 진단하는 것이다'라고 알려주는 상황이 아니고 무엇이겠는가?

교회용어사전에 의하면 간증은 ①참회의 간증 ②구원의 간증 ③은혜의 간증 ④치유의 간증이 있다고 한다. 이중 은혜의 간증은 '특별한 상황과 환경 혹은 평범한 환경 중에서 하나님의 사랑을 확인한 일에 대하여 증언하는 것'이라고 한다.

이와 같은 상황은 은혜의 간증에 해당할 것이다. 결국 초기동해를 입은 부분에서 진한색이 늦게까지 남아 있는 현상은 이완된 조직의 경우 흡수율이 크므로 침수된 다음 건조되는 상황이 발생할 경우 건전부는 먼저 말라 하얗게 되지만, 초기동해 피해를 입어 흡수율이 큰 부분은 늦게까지 수분을 유지하면서 진한색을 띠는 것이다.

이렇게 간단한 원리를 왜 이제까지 아무에게도 알려주지 않았다가 내게만 하나님께서 최초로 알려주시는 것일까? 내가 만약 교인이라면 교회에 가서 은혜의 간증을 할 만한 일이 아니고 무엇이겠는가?

13

콘크리트도 동면?

동면이란 겨울잠을 말한다. 겨울이 되면 일부 동물들은 활동을 중단하고 땅속 등에서 겨울을 보내는 일로서 곰, 박쥐, 고슴도치, 다람쥐 따위의 포유류에서 볼 수 있지만, 넓은 의미로는 곤충, 개구리, 뱀 따위의 변온동물의 월동도 포함된다.

출처 : 김정아 기자/"곰은 얕게, 개구리는 깊게! 우리가 몰랐던 겨울잠의 신비"/ⓒ디지틀조선일보 &tong+

그림 2.53 곰의 동면 모습

그런데 콘크리트는 수분이 존재하는 환경에서는 시간의 경과에 비례하여 강도가 증진된다. 특히 더운 여름은 물론이고, 추운 겨울에도 콘크리트는 수화가 진행되어 강도가 상승하게 된다. 그러나 경우에 따라서는 겨울잠을 자는 생물처럼 수화를 정지시키고 동면하게 할 수는 없을까? 하는 고민을 할 때가 있다.

예로 콘크리트의 내구성으로 동결융해시험을 할 때 시험체는 굳지않은 상태에서 형틀에 콘크리트를 넣어 제작하고, 1일 정도 지나 콘크리트가 굳어진 다음 형틀을 제거한 후 총 14일간 콘크리트를 물속에서(수중) 양생한 다음 동결융해 시험기에 넣어 시험하게 되어 있다. 그런데 유감스럽게 콘크리트의 동결융해 시험기는 −18℃까지 동결한 다음 4℃까지 녹이는 작업을 하루에도 4~6회 정도 반복하다 보니 고장이 나는 경우가 있다. 또한 동결융해 시험기는 선진외국의 경우 100개 이상의 시험체가 들어가는 것도 있지만 우리나라의 것은 절반 이하라서 한 번에 모든 시험체를 넣을 수 없는 경우도 발생한다. 그렇다면 시험을 해야 하는 2주(14일)는 되었는데 시험을 할 수 없는 상황이 발생하게 되면 발만 동동 구르다가 결국 시험체는 못 쓰게 되어 버리고 만다. 어찌 되었던 어렵게 제작된 시험체가 시험에 활용되지 못하는 상황이 발생하면 문제는 심각한데, 만약 시험체를 동면시킬 수 있다면 바람직할 것이다.

이럴 때에는 겨울철에 시공하는 한중 콘크리트의 적산온도라는 것에서 착안하여 가능성을 찾을 수 있다. 적산온도란 양생온도 값과 양생일자를 곱해서 구해지는데, 기준온도는 −10℃이므로 그 식은 다음과 같다.

$$M = \Sigma(T - T_o)\Delta t \quad \cdots\cdots (1)$$

여기서, M : 적산온도(° DD)

T : 콘크리트의 양생온도

T_o : 기준온도(-10℃)

Δt : 양생시간(일)

적산온도는 콘크리트 양생온도에 +10℃를 더하여(마이너스에 마이너스를 하면 플러스가 됨) 양생일수를 곱하면 구해질 수 있다. 일예를 들어 보자.

1) 0℃로 28일 양생은?
$M=(0+10)\times28=280^{\circ}DD$
2) 10℃로 14일 양생은?
$M=(10+10)\times14=280^{\circ}DD$
3) 20℃로 28일 양생은?
$M=(20+10)\times28=840^{\circ}DD$

여기서 알 수 있는 것으로는 0℃로 28일간 양생하는 경우와 10℃로 14일간 양생하는 경우는 적산온도가 280°DD로 동일하므로 적산온도가 동일하면 동일한 강도를 얻을 수 있다. 또한 어떠한 적산온도가 840°DD가 되었다면 20℃로 28일간 양생하는 것이 표준양생이므로(840°DD) 표준양생과 동일한 강도를 나타내게 되는 것이다.

그러면 이번에는 아무리 오랜 시간이 경과해도 강도가 증가하지 않는 온도는 얼마일까? 이것이 콘크리트의 동면온도가 될 것이다.

양생온도가 −10℃가 되면 −10+10=0이므로 0에 어느 재령인 날짜를 곱해도 0이 되는 것이다. 즉 적산온도에 있어 기준온도인 −10℃가 되면 아무리 오랜 시간이 경과해도 적산온도는 0이 되어 콘크리트는 동면하게 되는 것이다.

그러나 최근의 경우 고강도 콘크리트의 경우는 −10℃가 되어도 강도가 증진된다는 연구가 보고되어 있으므로 완전하게 콘크리트를 동면시키기 위해서는 −18℃～−20℃ 정도의 냉동고에 보관시키면 가능할 것이다.

따라서 앞에서 예를 든 경우와 같이 동결융해시험기가 고장난 경우라든가 시험기용량보다 더 많은 시험체를 만든 경우는 고민하지 말고 시험체를 −18℃ 이하의 냉동고에 동면시킨 다음 필요한 시기에 이 시험체를 녹여서 동결융해시험에 이용하면 문제는 간단하게 해결되는 것이다.

| 제3장 |

특수 콘크리트

1

안 풀리면 뒤집어 보라

청주 ROTC 13기 동기모임을 같이 하는 친구 중에는 매일매일 교훈적인 말이며 그림, 사진 등을 카톡방에 올리는 친구가 있다. 그런대로 짬을 내어 즐기기도 하고, 웃기도 하는데, 오늘 올라온 것은 참으로 연구자에게는 의미 있는 것 같아 여기에 소개해 본다.

표 3.1 생각의 차이

> 오랜 옛날……
>
> 자기의 위엄을 나타내기 좋아하는 왕은 외출할 때마다 돌멩이들 때문에 발이 아프고 상한다고 하여 신하들에게 "내가 다니는 모든 길에 쇠가죽을 깔아라"라고 명령을 내렸다.
>
> 이 소문은 삽시간에 전국으로 퍼졌고 사람들은 배꼽을 잡고 웃었다. 나라 안의 소를 다 잡은들 모든 길에 쇠가죽을 깔 수는 없는 노릇이었다.
>
> 지혜가 높은 자가 왕 앞에 가더니 "왕이시여! 온 땅을 쇠가죽으로 덮는다는 것은 불가능한 일입니다. 폐하의 발을 쇠가죽으로 잘 싸고 다니면 먼지도 묻지 않을 것이고, 상처도 나지 않을 것이 아닙니까?" 이 말을 듣고 왕은 무릎을 쳤다. "그것 참 좋은 생각이다" 이렇게 해서 구두가 생기게 되었다고 한다.
>
> 〈이하 생략〉

실무의 콘크리트에서도 이와 비슷한 상황은 많이 있을 수 있는데, 분리저감형 유동화제를 개발할 때의 상황을 예로 들어 설명해 보도록 한다.

즉 콘크리트는 슬럼프치가 큰 질은 콘크리트보다 슬럼프치가 작은 된비빔 콘크리트가 건조수축 균열저감과 큰 탄성계수 및 내구성 등의 관점에서 우수함을 나타낸다. 따라서 된비빔의 콘크리트 품질은 그대로 유지하면서 질게 만들기 위하여 물이 아닌 약과 같은 유동화제를 레미콘 트럭 후미에 넣고 레미콘 트럭 드럼을 돌려 골고루 다시 비벼주면 질은 비빔의 콘크리트가 됨으로써 시공이 용이해진다. 이와 같은 방법을 유동화 콘크리트 공법이라 한다. 전 세계적으로 1970년 독일의 멜라민계, 일본의 나프탈렌계 유동화제가 발명되면서부터 실무에서도 적극적으로 활용하게 되었다.

우리나라의 경우는 1980년대 초반 충남대학교 김무한 교수님(필자의 박사학위 지도교수)께서 일본에 1년간 연구원으로 다녀오면서부터 소개되어 일부 대기업을 중심으로 도입하게 되었다. 그러나 실무에서는 유감스럽게 유동화 콘크리트 공법을 도입하면 이상하게도 재료분리현상이 자주 발생하여 유동화제 혼입량이나, 시기를 조정하는 등 애를 쓰지만 영 해결되지 않아 포기하는 상황이었다.

문제의 핵심은 유동화 전 배합인 베이스 콘크리트는 종전의 동일 질기인 콘크리트 배합보다 유동화 후 커진 슬럼프에 맞게 잔골재율을 높여 점성을 높인 배합으로 출하해야 하는 것을 몰랐던 것이다. 즉 유동화 콘크리트 공법을 도입하려면 먼저 레미콘 공장에서 배합을 바꿔주어야 하는데, 이것을 몰라서 부탁을 안 하기도 하고, 레미콘사의 경우도 배합을 바꾸는 것은 KS 규격 관리 문제며, 번잡스러움 등의 이유로 기피하고 있으니 난감한 일이 아닐 수 없었다.

나는 전술한 쇠가죽을 바닥에 깔지 않고, 왕의 발을 감싸는 지혜를 생각하게 되었다. 레미콘사가 배합을 바꾸는 것을 꺼려하니 그렇다면 이번엔 유동화제를 바꾸면 어떨까 하는 생각이었다. 따라서 실험실에서 유동화제를 바꾸는 연구를 진행하였다. 유동화제로 유동성을 높여줄 경우 점성이 작아져서 재료분리를 일으키니 유동화제에 점성을 보충하는 것이었다.

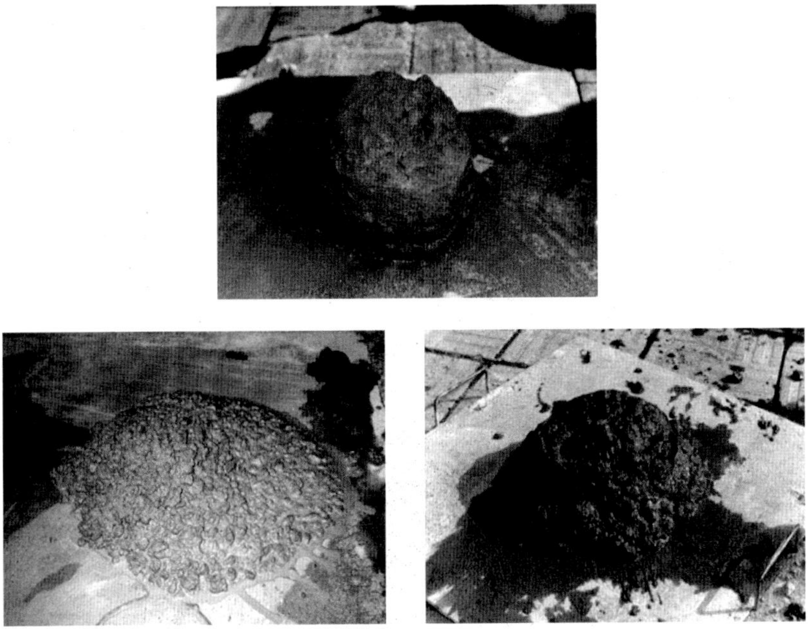

그림 3.1 유동화 콘크리트 시공

결국 끈적끈적한 성질을 내는 증점제에 착안하여 각종 증점제를 수집하였다. 그런데 어떤 증점제는 유동화제와 혼합하니 빡빡하게 굳어지거나, 공기량이 많아지는 등 마땅한 것을 찾기가 어려웠다.

우연한 기회에 화학전문가를 만나서 고민을 얘기했더니 멜라민계 유동화제와 폴리에틸렌옥사이트(PEO) 증점제를 추천해 주었다. 수없이 많은 실험에 의해 최적의 유동화제에 대한 증점제 비율과 아울러 공기량 조정을 위한 AE제까지 혼합하여 분리저감형 유동화제를 개발하게 되었다. 이와 같은 재료 및 공법은 선엔지니어링 오선교 회장님과 공동연구에 따른 결실로 박사학위 논문에 활용되었고, 국토교통부 신기술 제264호로도 등록되어 한동안 여러 건설공사현장에서 많이 활용된 바도 있었다.

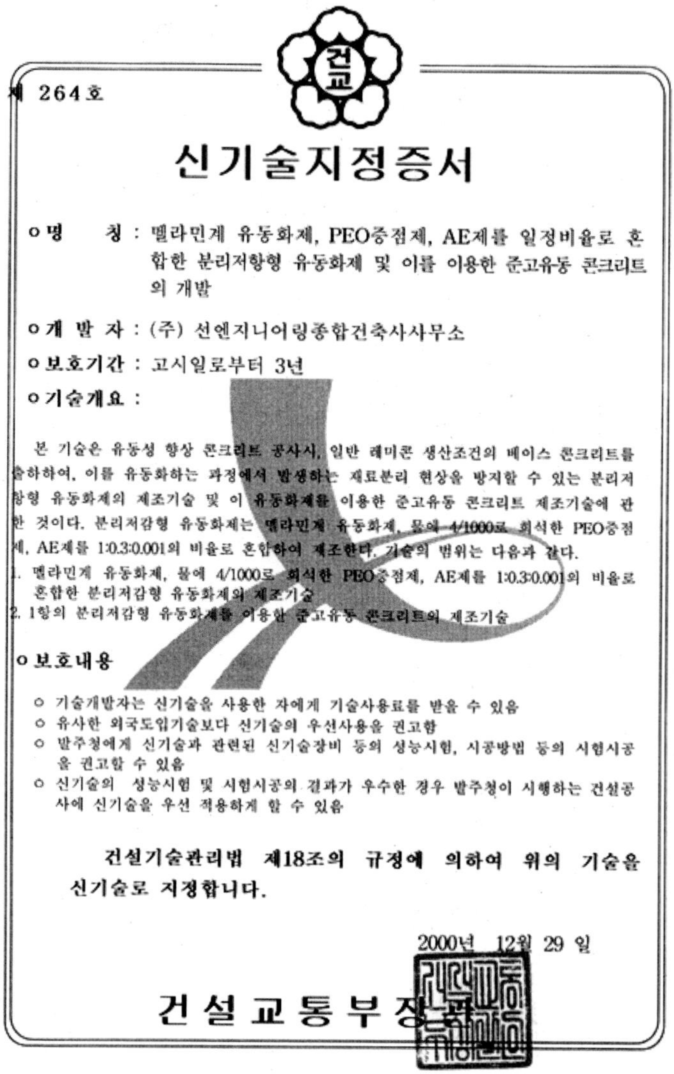

제 264호

신기술지정증서

ㅇ명 칭 : 멜라민계 유동화제, PEO증점제, AE제를 일정비율로 혼합한 분리저항형 유동화제 및 이를 이용한 준고유동 콘크리트의 개발

ㅇ개 발 자 : (주) 선엔지니어링종합건축사사무소

ㅇ보호기간 : 고시일로부터 3년

ㅇ기술개요 :

본 기술은 유동성 향상 콘크리트 공사시, 일반 레미콘 생산조건의 베이스 콘크리트를 출하하여, 이를 유동화하는 과정에서 발생하는 재료분리 현상을 방지할 수 있는 분리저항형 유동화제의 제조기술 및 이 유동화제를 이용한 준고유동 콘크리트 제조기술에 관한 것이다. 분리저감형 유동화제는 멜라민계 유동화제, 물에 4/1000로 희석한 PEO증점제, AE제를 1:0.3:0.001의 비율로 혼합하여 제조한다. 기술의 범위는 다음과 같다.

1. 멜라민계 유동화제, 물에 4/1000로 희석한 PEO증점제, AE제를 1:0.3:0.001의 비율로 혼합한 분리저감형 유동화제의 제조기술
2. 1항의 분리저감형 유동화제를 이용한 준고유동 콘크리트의 제조기술

ㅇ보호내용

- 기술개발자는 신기술을 사용한 자에게 기술사용료를 받을 수 있음
- 유사한 외국도입기술보다 신기술의 우선사용을 권고함
- 발주청에게 신기술과 관련된 신기술장비 등의 성능시험, 시공방법 등의 시험시공을 권고할 수 있음
- 신기술의 성능시험 및 시험시공의 결과가 우수한 경우 발주청이 시행하는 건설공사에 신기술을 우선 적용하게 할 수 있음

건설기술관리법 제18조의 규정에 의하여 위의 기술을 신기술로 지정합니다.

2000년 12월 29 일

건 설 교 통 부 장 관

그림 3.2 신기술지정증서 264호

그러나 현재는 발전된 화학혼화제의 보급에 의해 거의 유동화공법 자체가 사장되는 상황에 놓이게 되었다. 결국 쇠가죽을 바닥에 깔지 않고 왕의 발을 감싸는 지혜로는 설탕을 이용한 초지연제 콘크리트에서 상하부 응결시간을 뒤집는 방법이라든지, 고강도 콘크리트 화재시 폭렬현상을 막기 위해 강한 힘으로 잡아주는 것보다 유기섬유를 혼입시켜 그 녹은 자리로 수증기를 원활하게 배출시켜주는 방법 등 여러 방법이 있다.

따라서 연구자들은 일이 잘 안 풀리면 안 풀리는 것을 고민하고, 정면돌파만을 고집하는데, 이럴 경우는 문제를 뒤집어도 생각해 보면 의외로 쉽게 풀릴 수 있으니 유연성 있는 세상살이 및 학문연구를 조언해주고 싶다.

출처 : yeomanchang.tistory.com

그림 3.3 뒤집어진 모습의 건물

2

연구의 이삭줍기

지금에야 거의 찾아보기 힘든 일이지만 내가 어렸을 때에는 가을걷이가 끝나고 나면 논으로 나아가 바닥에 떨어진 벼이삭을 줍던 이삭줍기의 추억이 있다. 지금은 기계로 수확하고 나면 바닥에 떨어지는 곡물도 많지 않지만 그래도 떨어진 곡물은 철새들의 먹이가 되고 있다. 그러나 그때에는 가난이 심했던 시절이라 생계에 조금이라도 보탬이 되기 위해서는 그럴 수밖에 없었다.

이삭줍기란 '농작물 등을 수확한 뒤에 처져 남은 것을 줍는 것'으로 정의되는데, 콘크리트 관련 연구에도 이와 유사한 일이 있었음에 그에 대하여 소개해 보고자 한다.

1992년도 1년간은 박사 후 연수(Post-Doc.)로 일본 북해도대학의 객원연구원으로 근무한 적이 있다. 마침 일본 동경대학의 오까무라(岡村) 교수가 최초로 개발한 고유동 콘크리트(다짐을 하지 않아도 채워질 수 있는 슬럼프 플로 600±100 mm인 콘크리트)에 대하여 전국적으로 연구가 진행될 때의 일이다. 일본의 연구는 철저히 특성에 맞게 나누어져 진행됨에 따라 북해도대학에서는 겨울철 동결융해작용에 대한 내구성(동해) 부분을 중점적으로 검토하는 것이었다.

주어진 재료 및 배합에 따라 연구를 진행하였는데, 동해 실험연구가 메인이다 보니 유동성의 경우는 주어진 값인 슬럼프 플로 600±100 mm에 공기량의 경우는 4.5±1.5 %에 맞추는 정도이고, 그 이전부터 실시하던 슬럼프 시험은 하지 않는 것이었다. 물론 재료분리 정도는 육안관찰로써 중앙에 굵은골재가 모이거나, 가장자리에 시멘트 페이스트의 유출이 없도록 하는 것이었다. 그렇지만 육안관찰로 재료분리를 평가한다는 것은 전문가라면 잘 알 수 있지만 어느 정도의 점성으로 재료분리 저항성을 갖고 있는지 그 정도를 정량화된 숫자로 표기하기는 곤란한 것이었다.

따라서 슬럼프 플로와 슬럼프치의 관계를 잘 이용할 수만 있다면 재료분리를 평가할 수 있을 것 같다는 제안을 당시에 지도교수였던 가마다(鎌田) 교수에게 제안하였다. 그렇지만 가마다 교수는 의미 있는 좋은 아이디어이기는 하지만 우리는 동해 부분만을 책임 맡았기 때문에 관심이 없다는 것이었다. 역시 오야붕, 꼬붕의 개념에서 자기부분만을 열심히 하고 다른 사람의 영역은 침범하지 않는다는 개념에서 관심이 없다는 것이었다. 나중에 안 일이지만, 일본의 경우는 본인의 주 연구영역이 아닌 부분에 대하여 논문을 발표하게 되면 그 해당 분야의 수많은 연구자에게 엄청난 공격을 받게 되니 자기 영역 범위를 벗어나지 않으려는 것이 일상화되어 있음을 알게 되었다.

그러니 이 부분에 대하여 가마다 교수는 거의 관심이 없으므로 내가 해결하지 않으면 안 되게 되었다. 그 이후 한국에 돌아와 몇 번의 실험연구를 거듭하여 재료분리 평가정수(EIS : Evaluation Index for Segregation)라고 하여 한국과 일본에 논문으로 발표하게 되었다. 단, 이것은「일본의 연구로부터 이삭줍기한 연구」라고 하는 토를 달아가며 발표하게 된 것이다.

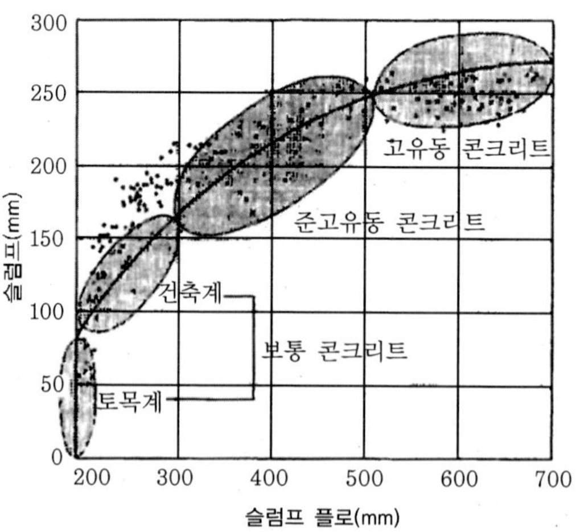

그림 3.4 고유동 콘크리트의 슬럼프와 슬럼프 플로와의 관계

그림 3.4와 같이 보통 콘크리트인 경우 슬럼프치는 크게 변하는 반면 슬럼프 플로는 시험방법의 특성상 크게 변하지 않아 일반적으로 유동성 정도를 슬럼프치로 표현한다. 반면 준고유동(혹은 중유동) 및 고유동 콘크리트의 경우 슬럼프치는 시험방법의 특성상 거의 변하지 않는 반면 슬럼프 플로는 크게 변하므로 유동성 정도를 표현할 경우 슬럼프 플로치로 표현한다.

그런데 고유동 콘크리트의 경우 재료분리 관점에서 보면 그림 3.5~3.7과 같이 재료분리를 일으키지 않은 양호한 콘크리트는 점성이 있게 유동하므로 슬럼프치는 크고, 슬럼프 플로는 작게 된다. 반면 재료분리를 일으킨 콘크리트는 점성이 부족하여 중앙에 굵은골재가 남아 있음으로 인해 슬럼프가 작고, 주변부는 시멘트 페이스트 혹은 물이 유출되어 슬럼프 플로는 크게 된다.

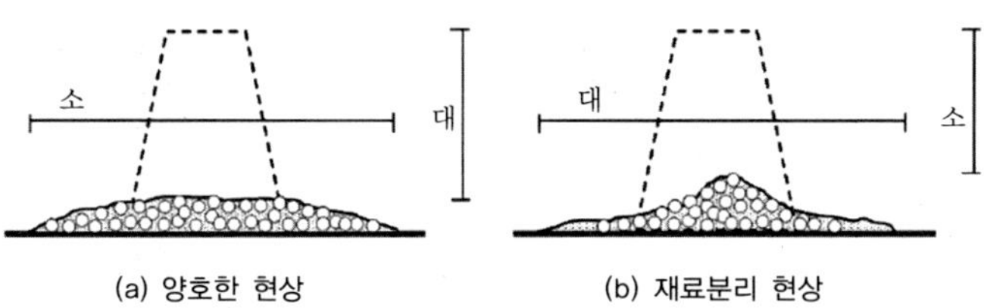

그림 3.5 고유동 콘크리트의 슬럼프 플로 개념도

그렇다면 재료분리를 평가하는 관점에서 식(1)과 같이 슬럼프 플로를 슬럼프로 나누면 어떻게 될까?

$$EIS = \frac{\text{Slump Flow(mm)}}{\text{Slump(mm)}} \quad \cdots\cdots (1)$$

그림 3.6 양호한 슬럼프 플로

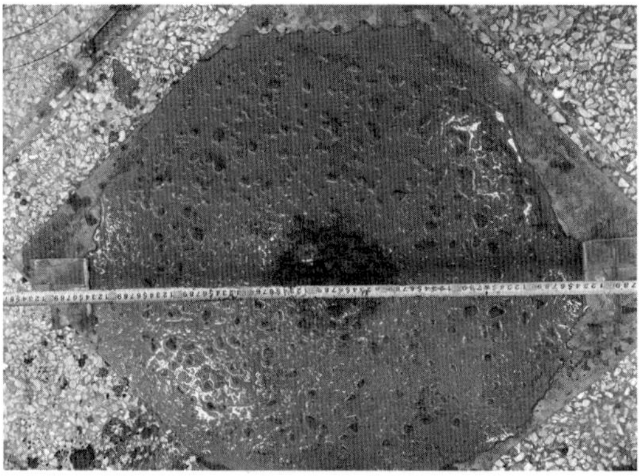

그림 3.7 재료분리된 슬럼프 플로

여러번 실험하여 얻어진 자료는 그림 3.8과 같다. 크게는 EIS 2.5 이하는 재료분리가 아니지만 그 이상은 재료분리로 평가되고, 구체적으로 성능등급으로 표현할 경우는 그림 3.9와 같이 정량화된 값으로 제안하고자 하는 것이다.

특히 본 방법은 일본이며 미국 등 선진국에서도 전혀 검토되지 않은 방법으로 ISO 등에 우리의 연구를 제안해 봄직한 사안이다. 참고로 이 방법의 상세한 내용은 한국콘크리트학회 고성능 콘크리트 위원회의 콘크리트 실무 매뉴얼 KCI PM 205. 1-10「고유동 콘크리트의 제조 및 시공」(기문당, 2010)에 상세히 기록되어 있으므로 필요시는 참고해주길 바란다.

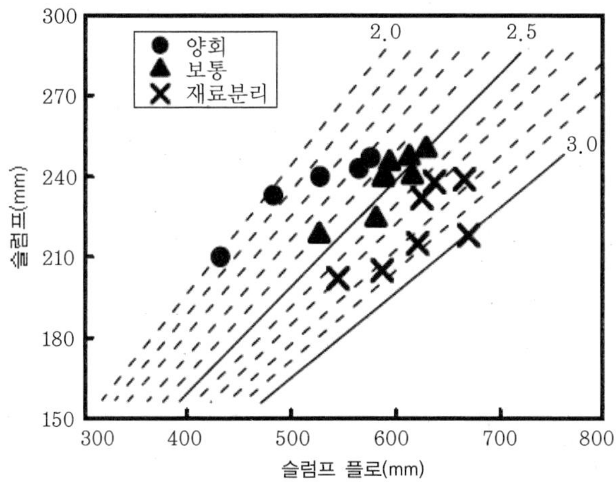

그림 3.8 재료분리와 관련 슬럼프와 슬럼프 플로의 관계

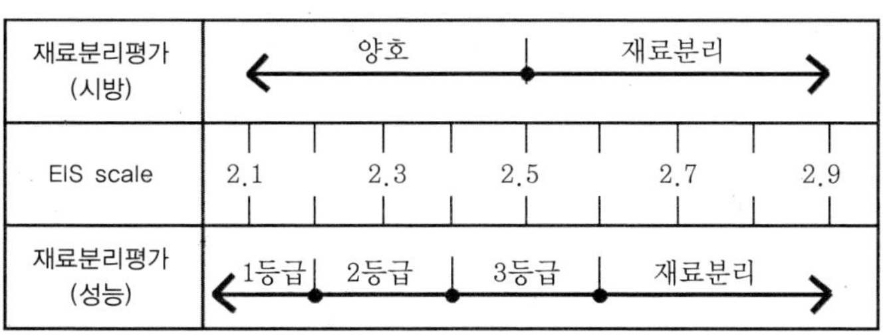

그림 3.9 고유동 콘크리트의 재료분리 성능판정(안)

3

두드리는 이에게는 열릴 것이니라

성경 말씀 중 누가복음 11장 9~10절에 의하면 "내가 또 너희에게 이르노니 구하라! 그러면 너희에게 주실 것이요, 찾으라! 그러면 찾아낼 것이요, 문을 두드리라! 그러면 너희에게 열릴 것이니, 구하는 이마다 받을 것이요, 찾는 이는 찾아낼 것이요, 두드리는 이에게는 열릴 것이니라."라는 구절이 있다.

이와 유사한 상황이 나에게도 일어난 적이 있어, 여기에서는 그와 같은 내용에 대하여 소개해 보고자 한다.

1992년 1년간 한국과학재단의 후원으로 일본 북해도대학에서 박사 후 연수(Post-Doc.)를 수행할 때의 일이다. 일본에 있어서 북해도는 매우 추운 지역으로 건축재료학 강좌(가마다 교수)에서는 주로 콘크리트의 동해와 한중 콘크리트 시공을 연구하고 있었다. 따라서 나는 1년 동안 동해 및 한중 콘크리트 시공에 대하여 많은 것을 배우며, 같이 실험연구도 참여한 다음 귀국하게 되었다.

특히 이중 한중 콘크리트 시공과 관련하여 일본 삿포로의 경우는 겨울철 외기온이 −10℃ 이하로 내려가고, 거의 매일 눈이 오는 상황이었다. 그렇다 보니 한중 콘크리트 시공방법은 시공하려는 건물 외곽으로 양생

그림 3.10 삿포로에서의 한중시공

상옥이라는 임시 가설물을 짓고 그 안에서 열풍기 등으로 가열하면서 콘크리트 공사가 진행되는 것이 일반적이었다.

반면에 우리나라의 경우는 어떠한가? 우선 우리나라 서울인 경우는 1월 15일 전후가 일평균 기온이 −5℃ 정도로 가장 춥고, 또한 1년에 3~4회 정도만이 −10℃ 이하로 최저기온이 내려가는 등 삿포로보다는 춥지 않다. 그리고 3일은 춥고 4일은 따뜻한 삼한사온도 있어 콘크리트 타설일을 3~4일 정도 조정하면 크게 춥지 않은 날에 콘크리트를 타설할 수도 있어 초기동해 방지에도 유리하다. 더욱이 눈의 경우는 1년에 3~4회 정도 가끔 내리기는 하지만 쉽게 녹아 일본 삿포로처럼 매일 내리고 계속 쌓여 있지는 않는다. 그렇다면 일본처럼 양생상옥을 짓고 열풍기로 가열하는 등 엄청난 시간과 비용을 들이면서 콘크리트를 타설할 필요가 있겠는가? 따라서 한국적 한중 콘크리트 시공이 필요하지 않나 생각하게 되었다. 결국 일본과 같은 공간가열보다는 시공이 간편하고 저렴한 단열보온양생공법을 개발해야겠다고 마음먹었다.

출처 : m.blog.daum.net/yh973

그림 3.11 열풍기에 의한 공간가열 모습

그럼 먼저 쉬운 것부터 개발해보자. 벽식구조 아파트의 벽이라고 가정하여 거푸집에 단열재를 넣는 연구를 진행하였다. 결론적으로 일반 거푸집 표면에 압착 스티로폼 단열재를 두고, 표면은 면이 곱게 나오도록 합성수지계의 PP판을 조합함으로써 좋은 결과를 얻게 되었다. 그러나 나중의 실험에서 알게 되었지만, 합판 거푸집을 쓰고 벽두께가 200 mm 이상만 되면 내부 콘크리트는 수화열 때문에 합판의 단열성능만으로도 우리나라의 환경인 −10℃ 정도까지는 콘크리트가 얼지 않는 것을 알게 되었다. 그러므로 벽체에 단열 거푸집을 쓰면 좋겠지만 안 써도 무방하다면 별로 의미 없는 일이 되었다.

그렇다면 이제는 두께도 얇으면서 상부가 노출되는 슬래브가 얼어 초기 동해를 입는 것이 문제였다. 따라서 슬래브의 상부를 덮을 단열재를 찾아 실험을 진행하게 되었다. 스티로폼, 양생용 부직포, 천막지, 스펀지 등 많은 재료를 찾아 실험을 진행하였다. 결과로 어느 정도 효과는 있었지만 실무에 적용하기에는 불편한 점, 성능이 부족한 점이 문제였다. 따라서 늘 머릿속에는 뭐 좀 좋은 재료가 없을까 갈망하며 몇 달을 지냈다.

그런데 마침 추석 명절을 앞둔 시점이라 집에서 쉬고 있는데, '택배요'라고 하면서 졸업한 제자로부터 와인 한 병이 선물로 도착했다. 무심코 택배를 푸는데 와인 병이 깨지지 않도록 감싼 에어캡(뽁뽁이)을 발견하게 되었다. 그것을 보는 순간 갑자기 머릿속이 번쩍였다. 와인 병은 제쳐두고 포장재인 에어캡만을 들고 학교 실험실로 달려갔다.

출처 : www.freeship.co.kr/main/main_real.asp

그림 3.12 에어캡으로 포장한 와인 병

대학원생을 불러 이것을 두 겹으로 겹쳐 실험 중이던 콘크리트를 덮도록 하고 온도기록을 부탁하였다. 다음날 학교에 올라가서 겹쳐 덮어진 에어캡을 들추자 콘크리트에서는 김이 모락모락 올라오며 전혀 얼지 않았다. 물론 온도기록도 영상을 유지하였다. 실험과 실험을 반복하고 현장적용도 실시하며, 제조공장을 찾아 세세한 것까지 주문하고, 계속 발전시켜 현재는 '2중 버블시트'라고 이름 붙여진 것을 개발하여 국토교통부 신기술 제660호로 등록까지 하게 되었다.

그림 3.13 버블시트 시공 모습

에어캡의 경우 최근에 만들어진 것은 아니었다. 오래 전부터 필자뿐만 아니라 모든 사람이 보아 왔건만 그것이 한중 콘크리트의 표면을 덮어 양생하는 단열재로 활용하는 것과 관련해서는 아무도 생각하지 못하였다. 오직 나만이 누구보다 오랫동안 갈망해 왔기 때문에 찾아내게 한 것이 아닌가 싶다. '두드리는 이에게는 열릴 것이니라'라고 하는 성경 말씀처럼 나의 갈망하는 두드림에 열려서 현재의 한중 콘크리트용 2중 버블시트로 탄생할 수 있게 되어 그저 하나님께 감사할 따름이다.

4

100마리째 원숭이 현상

아침 출근길에 이진우 기자의 손에 잡히는 경제라는 라디오 방송을 들은 적이 있다. 내용은 100마리째 원숭이 현상에 대하여 소개되었다. 경제 분야에서 주로 사용되는 용어지만 연구·개발된 기술을 현장에 적용하는 데 콘크리트 분야에도 이와 비슷한 상황이 있어 공감되는 바가 크므로 이와 관련된 내용을 소개해 본다.

먼저 인터넷 검색으로 100마리째 원숭이 현상이 무엇인가를 조사하였다. 그 결과는 다음과 같다.

표 3.2 100마리째 원숭이 현상

> 미국의 학자들이 무인도에 원숭이를 풀어놓고 원숭이가 좋아하는 고구마를 모래 위에 쏟아 놓았다. 그러자 원숭이들은 당연히 고구마를 먹기 위해 달려들었고 어떤 원숭이는 모래가 묻은 것을 그냥 먹고, 어떤 원숭이는 털어 먹고, 그런 식으로 먹다가 어느 암컷이 고구마를 물에 씻어 먹기 시작했다고 한다. 이 암컷은 자신의 자식들에게 이 방법을 전파하였지만 수년이 지난 후에도 아직 모래를 그냥 털어내고 먹는 원숭이가 많았다고 한다.
>
> 또 몇 년이 지나서 물에 씻어 먹는 원숭이들이 100마리가 넘어서자 그 섬의 모든 원숭이들은 고구마를 물에 씻어 먹기 시작했다고 한다. 이는 새로운 행동에 대하여 일정 개체수가 넘어서게 되면 모두 새로운 행동을 따라가게 되는 것으로 '100마리째 원숭'이 현상이라고 한다.

어렵게, 어렵게 연구하여 새로운 것을 발명하였지만 쉽게 실무에 적용되지 않는 현상으로 연구자들에게는 몇 개의 고개를 넘어야 하는 힘든 장벽이 아닐 수 없는 것이다. 첫 번째 장벽으로는 연구된 결과를 실무현장에 가져가서 그 공법의 적용을 건의해보는 것인데, 대부분의 경우는 현장적용 사례를 가져오라고 한다. 처음 연구해서 현장에 적용하려고 하는데 실무현장 사례가 어디 있겠는가? 난감한 일이 아닐 수 없고 대부분은 뒤

돌아 나올 수밖에 없다. 물론 신공법을 적용할 경우에는 실패할 위험요소가 존재하여 현장사정을 이해 못하는 것은 아니지만 충분한 이론적 근거, 실험 연구과정 및 결과와 실제 구조물을 가정한 모의부재 실험(Mock-up test : 제품의 디자인이나 평가를 위해서 실물과 동일한 규모로 만들어 시험하는 것)까지 실시한 데이터를 주더라도 거절당하는 경우가 많다.

그런데 마침 우리나라 국토교통부에서는 건설신기술 인증제도가 1990년도에서부터 생겼다. 아울러 건설관리회사(당초에는 감리회사) 등 건설관리 관련사들의 경우는 입찰에 참여할 때 신기술 개발 실적이 점수로 반영(PQ점수 : 사전입찰심사 제도)되면서부터 앞다투어 신기술을 개발하고 또한 신기술을 적용하려는 노력이 생겨나게 되었으니 그래도 천만다행한 일이다.

출처 : brunch.co.kr/@dabinchii/16

그림 3.14 고구마를 먹는 원숭이

그러나 현재 국토교통부 신기술은 800개를 훨씬 넘어가고 있는데, 그 중 얼마나 활용되고 있을까? 개발 및 최초 몇몇 적용은 가능할지 몰라도 '100마리째 원숭이 효과'의 장벽에 걸려 많은 공법들은 빛을 보지 못하고 사장되는 경우가 많다. 공법의 개발도 중요하지만 보급 또한 개발 못지않게 매우 중요한 사안임에 100개 현장 이상 적용실적을 갖도록 부단히 노력해야만 한 공법이 정착될 수 있는 것이다.

일례로는 본인이 중심이 되어 개발한 국토교통부 신기술 660호인 버블시트를 이용한 한중 콘크리트 단열양생공법이 있다. 처음 공법을 개발하고 실무현장에 적용한 곳은 청주대학교 사회과학대학 및 사범대학 건물의 공사현장이었다. 당시 우리나라 최상위급 건설사가 수주하여 공사를 진행하였다. 연구자료를 들고 현장소장실을 방문하여 공법을 소개하였다. 본인을 신뢰하지 않는 것은 아니었지만 찜찜해하는 태도이었다. 며칠만 여유를 달라고 하였다. 마침 현장은 버림 콘크리트를 타설할 무렵이었다. 후문이지만 나 몰래 현장에서는 실험을 진행하였다고 한다. 마침 겨울철이라 영하 10℃까지 내려가는데 노출이나 PE필름(비닐)을 덮은 곳은 꽝꽝 얼었지만 버블시트를 덮은 곳은 전혀 얼지 않았다고 한다. 따라서 원가 절감의 메리트도 있고 하여 본인의 건의를 받아들여 현장적용을 결정하였다.

그러나 이제 시험체와 달리 현장은 넓었다. 어찌하겠는가, 현장 보급을 위해서는 어쩔 수 없었다. 연구실 학생을 총동원하여 에어캡을 운동장에 펴고 2중으로 겹친 다음 Stapler(일명 호치키스)를 이용하여 고정한 다음 롤(Roll)로 말았다가 이것을 풀어가며 표면을 덮었다. 온도도 측정하여 기록하였는데, 효과는 좋았다. 그러나 이번엔 양생이 완료된 후 기능공들이 뚤뚤 말아 제거하였으므로 폐기처분을 할 수밖에 없는 상황이 되었다. 아무리 효과가 좋다고 해도 일회용이 되어서는 큰 의미가 없는 것이었다.

그때 연구생 중 한 명이 아이디어를 냈다. 이렇게 하지 말고 아예 공장에서 2중으로 붙여오면 어떻겠냐는 것이었다. 따라서 공장을 조사하였다. 당시에 제일 넓은 1,800 mm 폭의 생산이 가능한 곳으로는 충주의 중원 G.L.B가 유일하므로 그곳을 찾아갔다. 공장을 방문하여 사장과 면담한 후 제작을 협조·요청하였다. 다양한 방법, 두께 등을 조정하며 개선에 개선을 거듭하였다.

마침 당시에는 그랜드플라자 청주 호텔(당시 중원호텔)을 한중 시공하는 경우도 있었다. 현장소장이 대학 후배이며 박사과정 중에 있었으므로 이 공법을 적용하도록 하며 박사학위논문으로도 작성할 것을 지도하였다. 이 경우에는 단열성능을 높이기 위하여 버블시트에 부직포도 덧대고 넓은 폭으로 현장인부를 동원해 꿰맨 다음 봉에 말아 타워크레인을 이용하여 시공하기도 하였다.

그렇지만 역시 2중 버블시트의 표면양생 방법은 간편한 인력시공이 효과적이었다. 그림 3.16과 같이 롤(Roll)로 말아 표면마감을 실시하며 두루마리를 펴는 방법이 최상으로 결정되었다.

그림 3.15 그랜드플라자 청주 호텔 한중 시공

그림 3.16 버블시트 양생

처음에는 1년에 1~2개, 다음에 10~20개 현장씩 점점 늘어가서 현재는 1년에 약 200개 현장 이상이 되어 100마리째 원숭이 현상이 완성되기에 이르렀다.

이렇게 되다보니 일본건축학회 「한중 콘크리트 시공지침 · 동해설」에서는 우리의 2중 버블시트 단열양생공법을 한국의 대표적인 사례로 소개하기에 이르렀고, 몽골, 러시아 등 해외공사에도 보급되었으며, 몽골에는 공장에 기술이전까지도 검토하게 되었다.

결론적으로 하나의 새로운 공법을 개발하였을 경우 그 성능이 우수함만으로는 쉽게 보급되지 않는 경우가 대부분이다. 따라서 앞선 새로운 공법을 완전히 실무에 정착시키기 위해서는 '100마리째 원숭이 현상'이 있다는 것을 이해하고 최소한 100개 현장에 적용될 만큼 열심히 노력하여 보급하여야만 일반화가 가능하다는 것을 이해해야만 한다.

5

황소가 뒷걸음질을 해야

우리 속담에 어떤 일이 우연히 좋은 결과로 이루어지거나 또는 어떤 것을 우연히 알아맞힐 때 쓰는 말로 '황소 뒷걸음질 치다가 쥐 잡는다'라고 한다. 즉 미련해 보이는 황소일지라도 뒤로 물러서다가 우연히 그 자리에 쥐를 밟아서 잡게 되었다는 말이다. 이는 학자들이 하는 연구 상황도 이와 유사하게 비유되는 경우가 있다. 연구테마에 해당하는 것은 쥐이고, 연구의 노력은 황소의 움직임이 아닐까 싶은데, 필자의 사례를 예로 들어 황소가 뒷걸음질 치다가 쥐를 잡은 격의 연구 내용을 소개해 보고자 한다.

출처 : namu.wiki

그림 3.17 황소

2007년 국토해양부(현재는 국토교통부)에서 주관하는 '건설핵심 기술연구개발사업(CTRM)'으로 '고성능 · 다기능 콘크리트의 개발 및 활용기술'이란 주제로 대우건설이 중심이 된 콘크리트 코리아 연구단이 발족되어 5년간의 연구가 진행된 바 있다. 이때 필자는 1세부 중 10세세부 과제로 '인명 보호를 위한 내화성 고성능 콘크리트의 개발 및 실용화'란 주제로 두산건설과 휴다임 건축사사무소가 참여기업이 되어 연구를 진행하였다.

연구 내용으로는 초고층 건축물용 고강도 콘크리트인 경우 화재가 발생하게 되면 보통 콘크리트는 문제가 없지만 고강도 콘크리트는 콘크리트 내부의 수분이 수증기로 변해 빠져나갈 때 조직이 치밀하여 잘 빠져나가지 못함으로써 내부에 압력이 커져 표면부 콘크리트가 폭발적으로 떨어져나가는 폭렬현상을 해결하도록 하는 것이었다.

기간도 5년이면서 연구비용도 충분히 뒷받침되어 많은 연구를 진행할 수 있었다. 고강도와 관련한 시멘트 종류, 골재 종류, 혼화재료 종류, 물의 함수 정도, 공시체 크기, 제조방법 등 실험 가능한 영향인자는 모두 실험하였다.

그림 3.18 내화실험 모습

이번에는 외국의 연구에 폭렬방지방법으로 가장 효과적인 것으로 알려진 PP섬유를 콘크리트 용적에 0.1% 정도 넣어주면 고열에 섬유가 녹으면서 그곳으로 수증기가 배출되어 폭렬이 방지된다는 연구가 보고된 바 있었다. 그래서 이번에는 섬유의 종류, 섬유 혼입률, 길고 짧은 정도 등과 동일 섬유의 길고, 짧은 것을 혼합하는 경우 다른 종류의 섬유를 섞는 경우 등 미련할 정도로 많은 실험을 진행하였다. 그런데 쥐도 많이 돌아다니고, 황소도 열심히 뒷걸음질을 쳤는가는 알 수 없어도 쥐를 한 마리 밟게 되었다.

즉 그림 3.19와 같이 폴리프로필렌(PP)섬유와 나일론(NY)섬유를 혼합하여 넣어 주는 경우에서 PP섬유는 0.1%, NY섬유도 0.075%를 넣어주어야 폭렬이 방지되는데 비하여 그의 절반인 0.05%에도 폭렬이 발생하지 않는 것이 발견되었다. 몇 번의 반복실험이며 구조체 실험까지 진행하였는데에도 결과는 마찬가지였다. 결국 세계적으로 PP섬유를 0.1% 이상 넣어주어야 하는 것으로 알려져 있는데, 그 절반만으로도 가능한 것이니 시공 편이성과 섬유가격이 절반으로도 가능해진 세계적인 발명이 된 것이다.

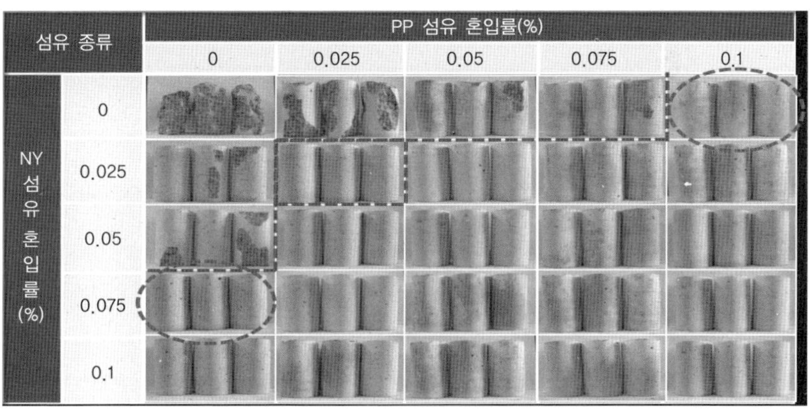

그림 3.19 섬유조합혼입에 따른 폭렬성상

따라서 이 내용을 이론적인 정립까지도 추가하여 특허를 얻었고, 국토교통부 신기술로도 등록하였다. 연구 내용은 국내에서 국가지원 우수연구

100선의 대표연구과제로 소개되었고, 그림 3.20과 같이 미국 라스베이거스에서 열린 세계 콘크리트 박람회에도 전시되었으며, SCI 논문에 이 내용이 소개됨에 따라 세계 3대 인명사전 모두에도 등재되는 영광을 얻게 되었다. 또한, 그 기술은 해운대 위브 더 제니스(70~80층)의 고강도 콘크리트를 비롯한 우리나라 대부분의 초고층 건축물 고강도 콘크리트에 적용하는 결과도 얻었다.

결론적으로 황소가 뒷걸음질 치다가 쥐를 잡는 상황은 두 가지가 맞아떨어져야 한다. 첫째는 황소 주변에 쥐가 많이 있어야 하고, 둘째는 황소가 뒷걸음질이라고 하는 움직임이 쉬지 않고 있어야 한다. 쥐도 없는데 황소가 열심히 움직이거나, 쥐가 많아도 황소가 꼼짝하지 않고 서있기만 한다면 과연 쥐를 잡을 수 있겠는가?

그림 3.20 세계 콘크리트 박람회 출품(1)

그림 3.20 세계 콘크리트 박람회 출품(2)

6

까불지 마라

본래 까불다는 말은 절구 등으로 찧거나, 도리깨질 등으로 껍질을 벗긴 곡물 등을 키에 놓고 탁탁 쳐올렸다가 받으면서 밀도차에 의해 껍질을 날려버리는 것으로, 원어로는 '까부르다'라고 하는데 '까불다'는 이 '까부르다'의 준말이다. 즉 키를 위아래로 바쁘게 움직이는 것과 같은 행동을 까불다라고 하는데, 차분하지 못하게 가볍게 조심성 없이 함부로 행동하거나 말하는 것을 까분다라고 하는 것이다.

출처 : blog.daum.net/_blog/BlogTypeMain.do?blogid=02FYv

그림 3.21 키질

따라서 일상을 살다보면 주로 성격이 급하거나, 말이 많은 사람은 대개 까분다고 하는 말을 많이 듣게 되는데, 나도 그런 부류에 속하지 않을까 조심스럽기는 하지만, 그간의 경험으로 건설신기술 연장심사를 받을 때 참으로 까분다는 느낌을 받는 심사위원이 있어 이 글을 적어본다.

신기술을 개발하기 위하여 기발한 아이디어와 함께 수 년간의 실험연구 및 현장적용까지 피나는 노력을 거쳐 신청하게 된다. 그런데 심사과정은 돌다리를 두드린다는 관점에서 다양한 각도에서의 질문은 이해가 안 가는 것은 아니다. 그러나 그 분야의 한 두 전문가와 다양한 전공의 다양한 위원들이 한꺼번에 참석하다 보니 질문의 내용이라든가 요구사항이 때로는 가관이 아닐 수 없다. 신기술을 받고 5년이 지난 다음 또다시 연장년수를 결정하는 연장심사에서도 상황은 마찬가지이다. 몇 개의 신기술을 출원하여 심사를 받다 보니 많은 사례가 있었지만 대표적으로 신기술 617호의 예를 들어보자.

그림 3.22 신기술 심사와 유사한 모습

신기술의 내용은 '황소가 뒷걸음질을 해야'에서 설명한 바와 같이 고강도 콘크리트의 폭렬을 방지하기 위해 PP섬유와 나일론섬유를 반반씩 혼합하여 콘크리트에 넣어주면 종전에 알려진 섬유사용량의 절반만으로도 폭렬이 방지된다는 내용이다. 대부분의 모든 심사위원은 그럴 수 있는 내용을 질문하고 지적하는 것이야 이해될 수 있다. 그런데 아마도 구조 분야의 교수로 생각되는 분의 질문과 요구사항이 문제였다.

폭렬이 발생한 구조체에 압축강도는 시험하였지만, 왜 전단시험은 안 했는가? 그리고 기둥과 보가 접촉되는 우각부에 대한 구조시험은 왜 안 했는지? 이 실험을 하여 신청서에 보충하라고 하는 지적이었다. 안타깝게도 각종 심의에서 심사위원은 왕처럼 행동한다.

별다른 관계가 없는 삼사위원의 전공 분야에 대하여 연구 또는 실험을 하라고 요구하는 것은 참으로 안타까운 일이다. 만약 이와 같은 실험과 연구를 진행하려면 수천만 원 이상이 소요되고, 또한 그 분야의 연구라면 지적한 심사위원이 전문가이니 자기에게 연구비를 들고 찾아오라는 듯한 뉘앙스도 있는데, 참으로 까불고 있는 행위이다.

그림 3.23 기둥 내화실험 모습

본인의 경우는 그래도 다행히 심사진행 기관에 본 기술의 심사와는 관계없는 내용이라는 것을 적극 어필하여 추가실험 없이 원만하게 연장을 받기는 하였지만, 만약 힘없는 실무자라고 하면 얼마나 괴로움을 당했을 것인가? 상상만 해도 괴로운 일이 아닐 수 없다.

나도 가끔은 심사위원으로 위촉되어 심사에 참여하는 경우가 있다. 가능하면 심의를 받는 사람의 노력과 고충을 이해하도록 노력하고, 아울러 질문을 할 때에는 조심스러운 언행으로 무리한 요구를 하지 않으려고 한다. 소위 까불지 않도록 최대한 노력하고 있음에 부디 내 연구실 후학들은 심사에 참여하더라도 제발 까불지 말아줄 것을 당부해본다.

7

멍청한 실험 위대한 발견

연구자들이 한참 고민에 빠져 있다보면 이상한 발상으로 멍청한 연구를 진행하는 경우가 있다. 나도 마찬가지인 경우가 있었다. 콘크리트 관계자에게 압축강도는 물과 시멘트의 질량비, 즉 물시멘트비(W/C)의 역수인 시멘트물비(C/W)에 비례한다는 것은 기본 상식에 속한다. 그러나 가능한 모든 방법을 동원하여 물을 적게 하여 W/C를 작게(C/W를 크게)했다고 해도 한계가 있기 마련이다. 그렇다면 만약 W/C를 가장 작게 한 상태에서 물 대신 다른 액체로 치환해 준다면 W/C를 더 작게 해주는 결과가 될 것이 아닌가? 라는 것이다.

따라서 물이 아닌 액체로써 휘발유, 경유, 등유, 식용유, HFE(Hydrogen Fluoride Ether), 에탄올, 아세톤 등을 물 대신으로 10%, 20%를 치환한 다음 슬럼프 및 압축강도를 측정하였고, 참고로 자기수축도 측정하도록 실험계획하였다. 실험을 진행한 다음 얻어진 결과로 플로치는 에탄올, 메탄올에서 크게 나타났지만, 당초에 가정한 압축강도 향상은 유감스럽게도 좋은 결과를 얻지 못했다.

물이 아닌 액체가 콘크리트 내부에 존재하면서 공극을 줄여주지 못하게 되니 강도에 전혀 도움을 주지 못하는 결과였다. 결국 실험은 실패였다. 따라서 실험에 큰 기대를 하고 참여했던 학생들은 실망을 하게 되었고, 특히 석사학위 논문으로 실험을 주도한 대학원생은 더욱 낙담이 컸다.

모든 것을 포기하고 실험 자체를 버리려고 할 때, 나는 대학원생에게 자기수축 데이터에 대하여 보여줄 것을 요구하였다. 그때 대학원생이 본인에게 제시한 데이터가 그림 3.24였다.

필자는 잠시 숨이 멎었고, 피가 거꾸로 솟는 듯한 느낌이 들었다. 수축저감제의 종류로써 외국의 경우 저가 알코올이 이용된다는 것을 알고 있었기 때문에 에탄올이나 메탄올 쪽에서 수축저감이 올 수 있다고 생각하여 대학원생에게 자기수축 측정을 부탁한 것인데, 의외로 식용유에서

자기수축이 거의 발생하지 않는 것이 발견된 것이다. 나중에 추가적으로 분석한 일이기는 하지만 압력에 따라 콘크리트 내 모세관공극으로 밀려들어가는 수은(Hg)의 양을 측정하는 포로시미터(Porosimeter)로 모세관공극 분포를 측정하였는데, 그 결과는 그림 3.25와 같았다.

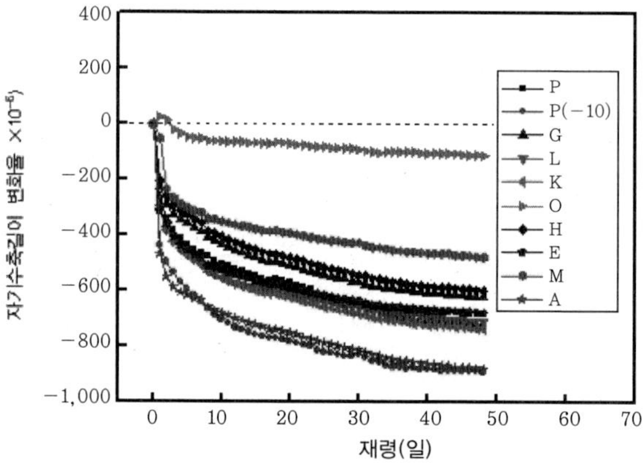

그림 3.24 자기수축

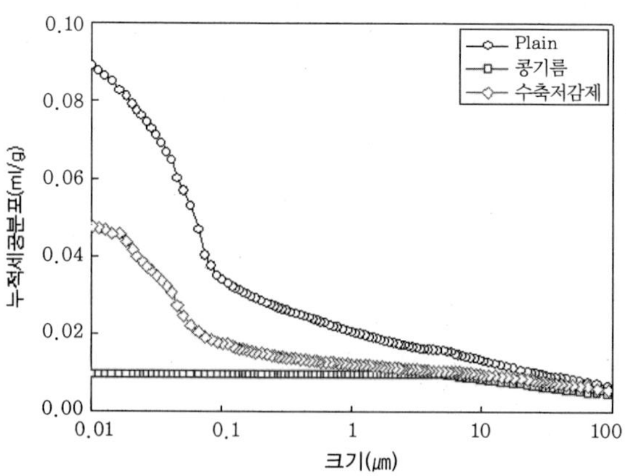

그림 3.25 세공경 측정결과

결국 이와 같은 원인은 식용유의 주성분인 글리세린에스테르 성분이 시멘트 수화물 중 수산화칼슘과 반응하여 글리세롤과 지방산칼슘염, 즉 비누를 만드는 비누화반응으로 모세관공극을 비누로 충전 및 팽창시켜줌으로써 초고강도 콘크리트에서 문제시되는 자기수축(시멘트 수화반응 과정에서 생기는 수축) 균열을 훌륭하게 해결해주게 되는 것이었다.

이는 옛날에 식용유 기름으로 튀김(뎀뿌라)을 만들어 먹고 남는 기름(폐식용유)을 어떻게 하였는가? 나이가 많은 사람은 경험하였겠지만 연료를 태우고 남는 재에 물을 내려 받은 알칼리성인 잿물(화학적인 NaOH는 양잿물이라고도 함)과 반응시켜 비누를 만들어 사용하지 않았는가? 초고강도 콘크리트에서 수분증발이 아닌(건조할 물이 없음) 조직 내부의 자기건조상태로 수축이 발생하는 자기수축 균열 문제를 기존의 수축저감제 혹은 팽창재보다 획기적으로 저렴하면서 양호한 품질로 가능할 수 있게 된 것이다. 이와 같은 연구는 현재에도 문제가 되는 것을 하나하나 해결해가면서 연구에 연구를 거듭하고 있다.

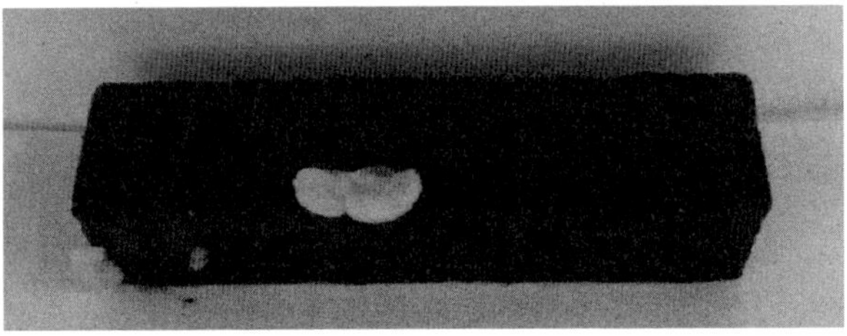

그림 3.26 식용유에 담근 시멘트모르타르에 발생한 균열과 생성된 비누

머지않은 장래에 고강도 콘크리트의 자기수축 저감뿐만 아니라 보통 콘크리트의 건조수축 저감, 중성화, 염해 등 내구성 향상에 획기적으로 효과를 발휘하는 폐식용유를 이용한 신물질이 탄생되기를 기대하고 있다.

8

두 방의 삑사리

삑사리란 국어사전에 의하면 음이탈이라고 한다. 노래를 부르다가 노래의 정상음에서 벗어나 다른 음으로 부르는 현상 또는 옥타브가 올라가 버리는 현상을 말한다고 적혀 있다. 그러나 사전에는 나오지 않지만 당구를 칠 때 공을 큐대로 밀어 때릴 때 공의 왼쪽, 오른쪽 혹은 위, 아래에 따라 공의 회전을 다르게 하여 다양한 기술을 발휘하게 된다. 그런데 이때 공을 큐대로 때릴 때 정확하게 위치를 잡아 맞추지 못하면 공에서 큐대가 미끄러지면서 삑 소리가 나며 의도하지 않은 엉뚱한 방향으로 공이 굴러가게 되는데 이때를 삑사리가 났다고도 한다.

출처 : m.blog.naver.com/PostList.nhn?blogId=dunstan50

그림 3.27 삑사리

삑사리란 정상적이지 못하고 이상한 상황이 발생되었을 때 쓰는 말인데, 국내 모 학회의 정기총회 중 특강시간에 어떤 원로교수가 이상한 질문을 하는 두 방의 삑사리가 나서 모두가 당황한 적이 있었다. 따라서 나와 비슷한 연령에서도 이와 비슷한 상황은 얼마든지 발생될 수 있을 것으로 예상되어 그 내용을 소개하고 고연령 연구자에게 교훈으로 삼고자 한다.

우리나라 대부분 학회의 경우는 1년에 한 번씩 정기총회를 하는데, 정기총회 전에는 대개 국내·외의 유명인사를 초청하여 특강을 진행한다. 이때 특강의 주제로는 당연히 최근에 각광을 받는 테마라든가, 새롭게 연구되고 있는 내용을 소개하는 경우가 대부분이다.

소개하고자 하는 학회에서 첫 번째 특강자가 발표하는 주제로는 지오폴리머(Geo polymer)에 관한 것이었다. 지오폴리머란 시멘트를 사용하지 않고, 결합재로써 플라이애시, 고로슬래그 미분말 등 분체재료를 알칼리 용액(알칼리 활성제)으로 경화시켜 만든 콘크리트로써 올바른 표현은 알칼리 활성 콘크리트인 것이다. 경화된 상태가 폴리머를 닮았다고 이름 붙여진 것이지, 화학물질인 폴리머(합성수지)는 전혀 사용하지 않는 것이다. 그런데 특강이 끝나고 질의응답 시간이 되었다. 가장 원로 격인 분이 손을 들고 질문하였다.

아마도 특강 중에는 피곤하여 졸지 않았나 싶은데, 질문의 내용은 지오폴리머란 어떤 폴리머, 즉 어떤 합성수지를 사용하는가? 라는 질문이었다. 지오폴리머 콘크리트를 폴리머 콘크리트로 착각한 것이었다. 제대로 된 한 방의 삑사리가 난 것이었다. 강연자도 너무나 잘 아는 최고 원로교수이다 보니 당황되어 대답도 못 하고 멍하니 어색한 시간만 흘러가고 멋쩍게 첫 번째 특강은 끝이 났다.

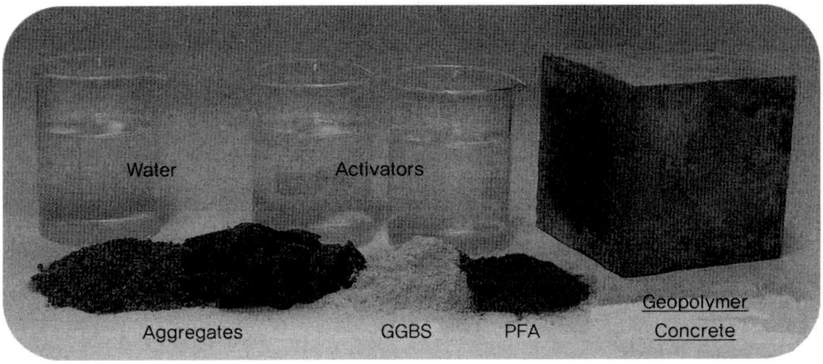

출처 : theconstructor.org/concrete/geopolymer

그림 3.28 지오폴리머 콘크리트

이어지는 두 번째 특강은 일본 교수의 Jute섬유(황마섬유)에 의한 폭렬 방지에 관한 연구내용이었다. 콘크리트에 용적으로 1% 이상 섬유를 넣어 주는 것은 콘크리트에 인성을 보강하는 목적이 주목적이지만, 최근의 경우 고강도 콘크리트의 화재 시 폭렬을 방지하기 위하여 주로 열에 약한 PP섬유, 나일론섬유, PP와 나일론을 반반씩 혼합한 폴리론섬유(필자의 개발품) 등을 용적에 0.1% 전후를 넣어 준다. 이때는 너무 소량이므로 콘크리트의 인성보강에는 거의 기대하지 않고 폭렬방지에만 목적이 있다. 그런데 특강의 내용은 천연섬유인 주트섬유의 경우는 섬유 단면상에 공간으로 되어 있고, 역시 타고난 후에 공간이 형성되어 수증기 배출이 우수하므로 화재 시 열에 약한 유기계 섬유와 마찬가지로 폭렬방지에 효과가 있다는 내용이었다.

역시 강의가 끝나고 나서 질의응답시간이 되었다. 전번 특강에서 한 방의 삑사리를 날려 모두를 당혹스럽게 만든 원로교수가 이번에도 질문을 시작하였다. 강의는 잘 들었는데, 주트섬유가 불에 녹는다면 콘크리트에

출처 : www.primatrading.kr/내진설계-PVA고인성시멘트 프리캐스트

그림 3.29 섬유보강 고인성 콘크리트

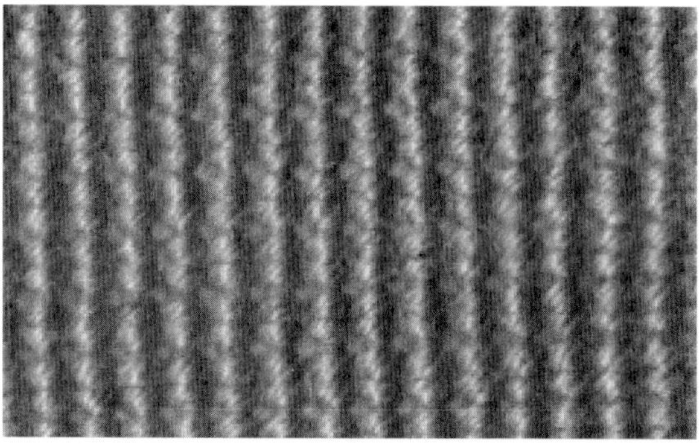

출처 : www.treepark.co.kr

그림 3.30 황마섬유

부여했던 인성보강은 아무런 효과가 없는 것이 아닌가 라는 질문이었다. 두 번째의 삑사리를 날리는 질문이었다. 일본 교수도 그 원로교수를 잘 아는 처지였다. 역시 폭렬방지에 섬유를 혼입하는 개념을 원로교수는 이해하지 못하고 있는 것이었다. 역시 강연자는 대답하기 곤란한 상황이라 얼

버무리다가 특강은 끝이 나고 말았다.

나도 요즘 느끼는 것이지만, 나이를 먹게 되니 눈도 잘 안 보이고, 책을 보더라도 기억되지 않고 쉽게 잊어버리며, 피곤해서 조는 경우가 많다. 또한, 나이를 먹다 보니 원로 소리를 듣게 되고 내가 제일 잘 아는 양 말하는 경우도 많은데, 머지않은 장래에 공개석상에서 나도 몇 방의 삑사리를 날리는 것이 가능할 것이라는 생각이 드니 두려움이 앞선다. 그렇다면 방법은 무엇일까? 참석을 안 하는 것도 방법이겠지만, 참석을 하였다면 잘 모를지라도 차라리 질문 없이 가만히 앉아 있어 중간이라도 가는 것이 한 방법이 아닐까 싶다.

9

엄한 놈이 덤터기

덤터기란 남에게 넘겨 씌우거나 혹은 남에게서 넘겨받은 허물이나 걱정거리를 말하기도 하고, 억울한 누명이나 오명을 말하기도 한다. 예를 들어 남의 빚보증을 잘못 서는 바람에 덤터기로 대신 빚을 갚아야 할 판이라거나, 엉뚱한 사람에게 덤터기를 씌우지 마라 등이 일상에서 사용되는 예이다. 단, 덤탱이, 덤태기 등은 덤터기의 잘못된 표현이다.

콘크리트공사와 관련하여서도 잘못을 저지른 사람은 따로 있는데, 함께 참여하거나 연속된 과정상에 있다보니 잘못이 없는 사람이 책임을 지는 사례가 다수 존재한다. 이러한 원인은 주로 내용을 알지 못하거나(무지), 잘못 알고 있는 경우 혹은 갑을 관계에서 어쩔 수 없기 때문에 덤터기를 쓰게 되는 경우이다. 단, 갑을 관계에서 어쩔 수 없는 경우는 정의사회구현 차원에서 시정되어야 하겠지만 모르는 것은 아니므로 예외로 하고, 모르거나 잘못 아는 것으로 말미암아 엄한 놈이 덤터기를 쓰게 되었던 몇 가지 사례를 들어 설명해 보도록 한다.

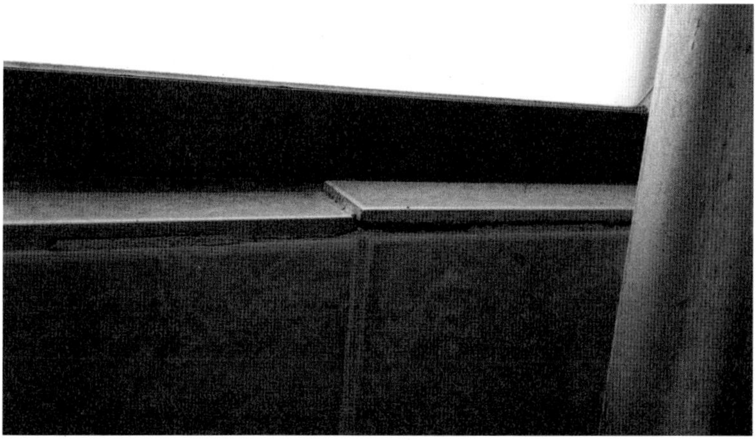

그림 3.31 타일 박리

첫 번째 사례는 모 대학교 기숙사 건설공사에서 화장실 벽에 시멘트 벽돌로 벽을 쌓고 타일을 붙인 적이 있는데, 준공시기가 임박하여 서둘러 공사를 진행하였다. 그런데 유감스럽게 모든 기숙사 화장실에서 타일이 배가 불러지면서 타일이 늘어나는 것처럼 되어 전부가 뜨는 상황이 발생하였다. 따라서 공사담당자는 타일생산업체, 타일접착모르타르 납품업체, 타일접착시공업체를 한자리에 불러 모아놓고 원인규명을 요구하였다. 그러나 세 관계업체는 모두 자기의 책임이 아니라고 주장하므로 결론이 나지 않는 상황이었다. 따라서 시공관리자는 원인이야 어찌되었던 3개사가 1/3씩 비용을 부담하여 재시공을 하도록 결론을 내렸다. 결국 3개사는 아무런 잘못도 없는데 덤터기를 쓰게 된 것이다.

그러면 타일이 늘어난 것처럼 배가 불러 벽에서 떨어진 원인은 무엇일까? 가장 큰 원인은 준공기일이 촉박하다고 일을 서두른 시공관리자의 책임인 것이다. 즉 벽돌을 쌓고 충분히 경화 및 건조가 일어나도록 시간을 둔 다음에 타일을 붙였으면 문제가 없었을 것을 너무 서두르는 바람에 타일이 늘어난 것이 아니라 뒤의 벽돌을 쌓은 벽이 줄어듦으로써 줄어드는 힘을 타일이 받아줄 수 없음에 따라 타일이 배가 불러지며 떨어지게 된 것이다. 따라서 이와 같은 상황이라면 차라리 타일의 줄눈이라도 충분히 줄어든 다음 늦게 시공하였더라면 문제가 없었을텐데 그렇지도 않았음에 재시공을 하게 되는 상황이 발생하여 안타깝기 짝이 없었다.

두 번째의 경우로는 건축물 출입구 상부에서 소위 히사시(일본어로 차양을 뜻함)라고 하는 캔틸레버(Cantilever : 벽체 또는 기둥에서 튀어나온 보로써 한쪽만으로 받쳐지고 있다.) 구조가 있다. 군 공병 장교시절의 일이니까 오래된 일이다. 즉 군 막사의 출입문 상부에는 캔틸레버 구조의 차양이 있는데, 공사 중 거푸집을 제거하는 순간 슬래브 상부에 균열이 발생하고 부러져 내려앉는 상황이 발생한 것이었다. 거푸집을 조립하고 해체

하는 목수는 완전히 죄인이 되었다. 너무 일찍 거푸집을 제거하여 그렇게 되었다고 하는 것이었다.

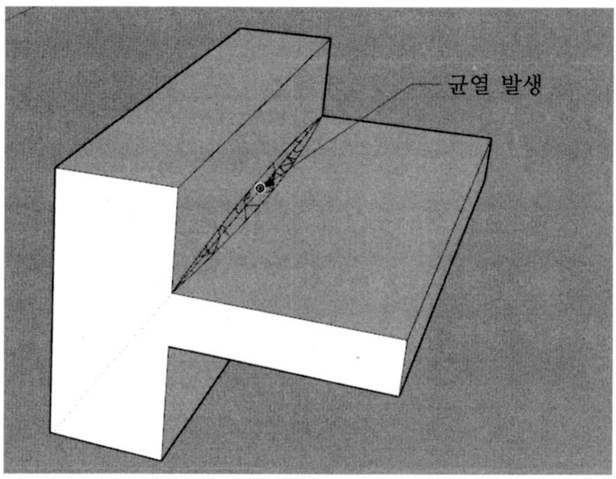

그림 3.32 캔틸레버

그러나 애석하게도 이 경우는 목수의 잘못이 아니었다. 캔틸레버 구조는 슬래브 상부에 인장력이 작용하므로 철근을 상부에 배근해 주어야 하는데 그렇게 하지 않고 하부에만 배근하였거나, 상부에 배근을 하였더라도 콘크리트 타설 시 하부쪽으로 가게 밟아놓고 콘크리트를 타설한 경우로써 전자는 철근공, 후자는 콘크리트 타설공의 잘못이지 목수의 잘못은 없는 것이다.

세 번째는 얼마 전 초여름 도로포장을 한 콘크리트에서 균열이 크게 발생하였다. 그런데 시공자는 그 부분을 들어내고 다시 시공해야 한다면서 레미콘사에 모든 책임을 전가하려는 중이었다. 레미콘사로부터 도와달라는 다급한 전화를 받고 현장을 방문한 적이 있다. 전체적으로 균열양상을 돌아보고 나서 시공관계자에게 언제 타설하고 언제부터 균열이 발생하였는지를 물어보았다. 대답은 아침 9시 30분쯤 타설하였고, 오후 1시 30분경부터 균열이 발생하였다고 하였다. 그러면 타설 4시간 만에 균열이 발생하였다는 이야기인데, 시멘트는 겨우 초결 정도만 진행된 상태인데 심각한 건조조건, 즉 높은 온도, 빠른 바람, 낮은 상대습도에서 표면부터 건조가 진행된 것이다. 물론 도로포장 콘크리트라서 피막양생재를 살포했다고도 했다. 그러나 이와 같은 균열은 콘크리트가 굳기 전인 소성상태(점토를 물로 반죽하여 공작을 만들 때의 상황으로 말랑말랑한 상태)에서, 즉 받아줄 수 있는 힘이 전혀 없는 상황에서 건조에 의해 수축하려는 힘이 작용하였으니 반드시 균열이 발생할 수밖에 없는 상황인 것으로 이는 피막양생재의 성능에 문제가 있는 것이지 레미콘 제조의 책임이라고 보기는 곤란한 상태이다. 다시 말하면 피막양생재 혹은 수분 증발을 방지하도록 하는 시공자의 책임인 것이지, 레미콘 제조자의 책임이 아닌 것을 레미콘이 덤터기 쓰게 되는 사례이다.

그림 3.33 도로포장 소성수축균열

상기의 사례 이외에도 건설공사현장에서는 수많은 덤터기 사례가 있다. 따라서 엄한 놈이 덤터기 쓰는 사례가 없도록 하기 위하여 충분한 지식보급이 필요한 실정이다. 참고적으로 콘크리트학회에서 「레디믹스트 콘크리트 품질문제의 원인 및 대책」이란 책도 펴내면서 사례를 정리하고 대책을 기술한 것도 있으니 이런 것을 참조하는 것이 좋은데, 결국은 건설관계자는 올바른 지식습득, 혹은 그 분야의 전문가가 누구인지 잘 알고 있다가 그를 활용하는 것 등이 덤터기를 면할 좋은 방법이 되는 것이다.

10

어처구니 없다

우리가 일이 너무 뜻밖이어서 기가 막히거나 혹은 황당한 일을 당했을 때에는 '어처구니 없다'라는 말을 쓰게 된다. 그럼 여기서 어처구니란 무엇일까?

어처구니란 옛날에 콩과 같은 곡식을 갈 때 맷돌을 사용했는데, 그림 3.34와 같이 숫쇠라고 하는 것을 숫맷돌에 고정시키고, 그 위에 암맷돌을 힌지(Hinge)식으로 끼워 돌아가게 한 다음 암맷돌 아가리에 콩 등 곡식을 넣고 손잡이인 어처구니를 잡고 빙빙 돌리면 암맷돌과 숫맷돌 사이로 곱게 갈아진 곡식이 나오게 되는데, 이때 손잡이를 어처구니라고 말하는 것이다.

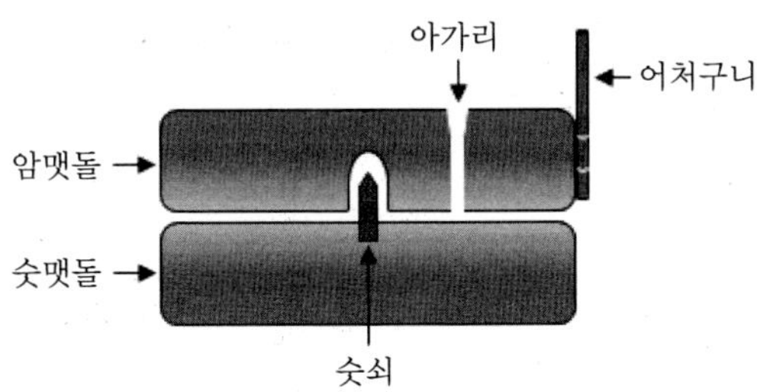

그림 3.34 맷돌의 단면

그런데 만약 맷돌을 돌려 곡식을 갈려고 할 때 손잡이인 어처구니가 없다면 얼마나 황당하고 기가 막히겠는가? 꼭 맞는 비유가 될지는 의문이지만, 콘크리트공사에서도 이와 같은 어처구니없는 경우가 있어 그 경우를 소개해보고자 한다.

꽤 오래된 일이지만 국가의 매우 중요한 시설물공사 중 균열이 발생하여 크게 문제시된 적이 있었다. 워낙 중요한 공사이고, 또한 대규모이다 보니 외국에 진단을 맡긴다는 등의 의견도 있었지만, 그래도 우리나라에서 가장 권위 있는 학회에 맡겨야겠다고 하여 수의계약이 가능하도록 작은 구획만을 정하여 모 학회와 용역계약을 맺게 되었다. 그 학회에서는 콘크리트 재료 문제이다보니 필자에게 연구책임을 맡기고 전문 진단기관과 진단을 진행하게 되었다.

출처 : cfile230.uf.daum.net/image/1353093550F89E351B4D26

그림 3.35 진단대상 건축물

진단결과, 다양한 원인으로 다양한 양상의 균열이 발생하였다. 진단조사가 완료되는 시점에서 보고회를 갖게 되었는데, 이때 참석자로는 국가기관의 발주처 감독관, 건축물 운영기관의 담당자, 설계자, 감리자, 시공자, 자문위원 교수 및 학계 권위자 등 40~50명이 모인 자리에서 당시는 OHP를 이용하여(요즘은 파워포인트를 이용함) 필자가 균열양상 및 원인을 설명하였다. 그런데 제일 중요한 것은 건조수축 균열이었다. 특히 그 원인은 국가의 건축공사 표준시방서 중 「05050 고내구성 콘크리트 공사」를 적용하여야 하나, 이를 적용하지 않고 「05010 보통 콘크리트 공사」를 적용한 것을 문제점으로 지적하였다.

고내구성 콘크리트인 경우는 건조수축균열을 줄이기 위하여 단위수량을 보통 콘크리트 185 kg/m^3 보다 적은 175 kg/m^3 이하로 규정되어 있고, 슬럼프치도 18 cm 이하가 아니라 12 cm 이하, 유동화 콘크리트를 사용하는 경우에 베이스 콘크리트의 슬럼프값은 12 cm 이하, 유동화 콘크리트의 슬럼프값은 18 cm 이하로 하도록 되어 있는 것이다.

물론 이와 같은 고내구성 콘크리트는 우리나라 시방서의 경우 1966년 제정 이후 1978년 고급과 보통으로 분리되어 있던 것을 1994년 개정 시 콘크리트 품질 중 보통은 보통으로, 고급은 고내구성 콘크리트로 독립하여 도입하게 되었다. 이와 같은 변화는 일본의 건축공사표준시방서가 바뀜에 따라 우리도 바뀌게 되었는데, 일본의 경우는 시방서에 해설을 붙여 표 3.3과 같이 적용대상을 설명하고 있으나 우리나라는 해설이 없어 어디에 적용하는지 알 수 없다는 것을 설명하였다.

필자의 설명이 끝나고나자 진단내용 설명회장의 참석자 모두는 그런 것이 있었느냐는 식으로 어안이 벙벙해 했다. 발주자도, 설계자도, 시공자도, 감리자도, 자문위원도 누구도 그런 것이 있다는 사실을 몰랐던 것이다. 참으로 어처구니없는 일이었다.

그런데 건축공사 표준시방서의 어처구니없는 해설서는 지금까지도 없다. 일본시방서를 대부분 참조하였으니 일본시방서 해설을 번역해 넣을 수도 없는 일이고, 더욱이 우리나라는 그와 같은 해설을 쓸만한 연구자료 및 연구자도 충분하지 않으니 이 또한 어처구니없는 일이 아니고 무엇이겠는가? 지금이라도 늦지 않았으니 처음은 어색하고 형편없을지라도 최소한의 해설서를 만들어 맷돌을 전기모터로 돌리지는 못할망정 그저 비슷한 어처구니라도 만들어 놓아야 하지 않겠는가? 현재는 미약하겠지만 이 이후는 후대 연구자들이 보충해주지 않겠는가?

표 3.3 고내구성 콘크리트의 적용대상

<table>
<tr><td>
적용대상
고내구성 콘크리트를 적용하는 대상으로는 건축물의 사회적 조건 및 경제적 조건 등으로 구분하여 정해지고 있는데, 특정 건축물에 한정한 것은 아닐지라도 다음과 같은 건축물을 적용대상으로 한다.

(1) 사회적인 조건으로 적용
1) 기념비적인 의미로부터 고도의 내구성이 필요한 건축물
① 국민적 의미를 갖는 공공적 건축물 : 국회의사당, 국립극장 등
② 종교적 건축물 : 교회, 사찰 등
2) 귀중한 것을 수장하기 위해 고도의 내구성이 필요한 건축물 : 미술관, 박물관, 공공도서관
3) 열화, 손괴에 의하여 인명 등에 중대한 위험이 발생할 수 있는 건축물 : 위험물 저장소

(2) 경제적인 조건으로 적용
1) 열화, 손상될 경우의 수리 · 변경에 있어 경제적인 손실이 큰 건축물 : 초고층 건축물, 거대 건축물, 병원, 대규모 집합주택, 연구시설 등
2) 구조체의 내용년수 신장이 경제적으로 유리하다고 생각되는 건축물 : 집합주택, 학교, 각종 공공시설건물 등
</td></tr>
</table>

그림 3.36 어처구니 없다.

11

스마트한 콘크리트

스마트(Smart)란 어학사전에 따르면, '맵시 좋은, 말쑥한, 깔끔한, 똑똑한, 영리한'이란 설명이 있다. 일상생활에서는 옷차림이 스마트하다 혹은 전화 등 모든 것을 해결해주는 스마트폰 등에서도 스마트라는 단어가 쓰이는데, 콘크리트와 연관해서도 '스마트 콘크리트'가 있다.

딱딱한 무생물인 콘크리트를 영리하게 만드는데, 마치 살아있는 생물처럼 두뇌를 가지고 판단할 수 있는 능력까지도 갖는다고 하니 옛날 사람이 들으면 기가 찰 노릇이다.

물론 콘크리트가 아닌 일상생활에서는 인터넷을 기반으로 모든 사물을 연결하여 사람과 사물, 사물과 사물 간에 정보를 소통하는 지능형 기술 및 서비스를 일컫는 사물인터넷(IoT : Internet of Things)이 있다. 또한 인간의 지능으로 할 수 있는 사고, 학습, 자기개발 등을 컴퓨터가 할 수 있도록 하는 방법을 연구하는 컴퓨터공학 및 정보기술의 한 분야로서 컴퓨터가 인간의 지능적인 행동을 모방할 수 있도록 하는 인공지능(AI : Artificial Intelligence)도 있다.

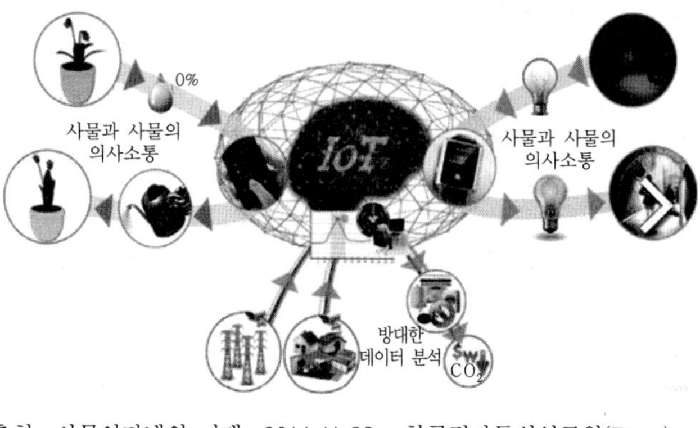

출처 : 사물인터넷의 미래, 2014.11.28., 한국전자통신연구원(ETRI), 전자신문사

그림 3.37 사물인터넷(IoT)

AI의 일례로서는 소위 컴퓨터인 알파고가 이세돌 9단과의 바둑시합에서 승리하는 상황에까지도 발전되고 있는 것이다. 과연 이와 같은 기술이 어디까지 발전해 갈 것인지는 감히 상상하기도 어려운 일이다.

출처 : gustips.tistory.com/m/257

그림 3.38 인공지능(AI)

그렇지만 콘크리트와 관련하여 이제까지 개발된 스마트한 콘크리트에 대하여 조사한 자료를 소개해보면 다음과 같다.

먼저, 스마트 콘크리트란 '콘크리트 구조가 살아 있는 생명체가 가지고 있는 속성을 가지고 살아 있는 생명체처럼 거동하는 것'이라고 정의할 수 있다. 즉 살아 있는 생명체의 경우로서, 손등 위에 벌이 앉아 쏘는 경우로 가정하자. 제일 먼저 아픔을 느끼게 하는 감지(Sensing)기능이 필요하고, 두 번째는 벌침 한방에 5,000원이라고 하니 그냥 맞을 것인가 혹은 너무 아프니 쫓을 것인가를 결정하는 판단 과정(Processing)기능이 필요하며, 세 번째는 판단에 의해 너무 아프니 쫓아버리자 해서 행동으로 옮기는 작동(Actuating)기능을 일부 혹은 전부 갖추도록 하는 것이다. 구체적으로 지금까지 알려진 스마트 콘크리트의 기능은 다음과 같다.

표 3.4 스마트 콘크리트의 기능

○ 자기진단, 조절, 적응
○ 자기치유(손상을 스스로 복구)
○ 자기수명판단, 학습능력 등 지적능력 보유
○ 안전성, 건전성, 신뢰성 향상

또한, 이제까지 알려진 스마트 콘크리트의 종류로는 다음과 같은 것들이 있다.

표 3.5 스마트 콘크리트의 종류

· 하이브리드 FRP를 이용한 지능형 센서
· 자기치료가 가능한 캡슐형 복합재료
→ 자기손상 자현 : 액체(알코올, 잉크, 페놀프탈레인)을 유리관 속에 내장, 자기손상을 나타냄. 중성화현상 파악, 균열 및 열화 파악 등
→ 자기손상 복구 : 골재 간의 균열 진전 및 가속에 의해 내장된 캡슐을 파괴하여 캡슐내부 보수재가 균열을 보수함
· 유리(이중유리관) 또는 PVC 연성튜브로 캡슐 제작
· 시멘트를 이용한 자기복구 콘크리트
· 진동제어 복합재료
· 광촉매를 이용한 복합재료
→ 효과 : 오염방지, 공기정화, 수질정화, 살균효과, 냄새제거
→ 적용 : 그릇, 도자기 등

특히, 스마트 콘크리트의 재료 및 구성원리에 따라서는 수동형과 능동형으로 분류되는데, 그 내용은 다음과 같다.

표 3.6 스마트 콘크리트의 재료 및 구성원리

· 수동형 스마트 재료
→ 외부환경에 반응하는 재료
→ 자기가 갖는 특성을 향상시키는 피드백 시스템을 갖지 않음
· 능동형 스마트 재료
→ 구성 : 센서(환경변화 감지 광섬유센서)
컨트롤러(제어, 신호출력 등 센서 신호를 판단하고 명령)
엑츄에이터(제어신호에 따라 변동)
→ 종류 : 피에조 재료, 일렉트릭스트릭티브, 형상기억합금, 열 조절가능 재료, 전자레올로지 액체, 압전재료, 광섬유센서, 변형률 게이지

12

달나라 콘크리트

지구는 만원이다. 따라서 오래 전부터 인류는 지구가 아닌 다른 혹성을 탐험하기 위한 노력을 시작하였다. 그중 가장 가까운 거리에 있는 것이 지구의 위성인 달이었는데, 미국과 소련은 서로 경쟁적으로 우주개발에 참여하였지만, 결국은 1969년 7월 20일 미국의 닐 암스트롱(Neil Amstrong)이 아폴로 11호를 타고 최초로 달에 착륙함으로써 소련과의 경쟁에서 승리하는 기록을 남겼다.

이후 당장이라도 달에 기지를 건설하고 달나라를 여행할 것 같은 기세였지만, 요즈음에는 거의 관심 밖으로 멀어진 것 같고, 때로는 아폴로 11호의 달 탐험은 가짜인가라는 의혹이 제기되고도 있는 실정이다.

출처 : ko.wikipedia.org/wiki

그림 3.39 달

출처 : ko.wikipedia.org/wiki

그림 3.40 닐 암스트롱(Neil Amstrong)

따라서 좀 오래된 일이기는 하지만 우주건설관계자들은 달에 기지를 건설하거나 호텔을 짓기 위한 재료를 검토하였는데, 그것은 바로 콘크리트로써 이것을 '루나(Lunar) 콘크리트'라 한다.

달의 일반적인 특성은 표 3.7과 같은데, 극심한 온도변화가 있고, 물과 공기가 없으며, 우주에서 쏟아지는 엄청난 방사선 등이 존재하므로 무방비 상태로는 인간이 생존할 수 없는 환경이다. 따라서 인간이 거주할 수 있는 거대한 공간을 구축하고 그 내부환경을 거주에 안전하도록 갖춰야만 하는데, 그렇게 하기 위한 구조체는 콘크리트만이 가능하다는 것이다. 그렇다면 달에서 콘크리트는 어떻게 제조하면 될 것인가? 기본개념으로 정리하면 그림 3.41과 같다.

표 3.7 달의 일반적 특성

크기	지구의 1/4
적도 표면 중력	$1.62\ m/sec^2$
평균 표면 온도(낮)	107 ℃
최고 온도(낮)	123 ℃
평균 표면 온도(밤)	−153 ℃
최저 온도(밤)	−233 ℃

루나 콘크리트 연구의 권위자인 미국의 T.D. Lin 박사가 발표한 논문에 의하면, 1,727 ℃로 월석을 가열하면 알루미나 시멘트와 비슷한 성분을 갖는 시멘트의 제조가 가능하다고 한다.

또한, 잔·굵은골재는 달 표면의 모래나 월석을 가공하면 용이하게 공급할 수 있다. 그러나 가장 중요한 것은 물인 것이다. 달 표면은 물이 존재하지 않기 때문에 물을 지구에서 가져가야 하는데, 물을 지구에서 직접 가져가는 것은 비경제적이므로 가장 가벼운 수소만을 가져가고, 월석의 산화물로부터 산소를 구하여 수소와 반응시키면 물이 얻어질 수 있는 것이다.

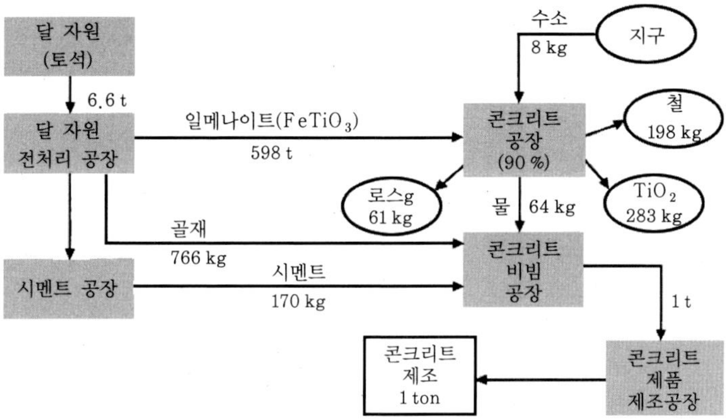

출처 : 대한건축학회, 건축재료학, 기문당

그림 3.41 루나 콘크리트의 제조 프로세스

이렇게 제조된 콘크리트는 지구상에서 제조한 콘크리트의 강도보다 어느 정도는 작은 것으로 보고되고 있다. 특히 비벼진 콘크리트가 공기가 없는 진공상태에 폭로하게 되면 급격하게 내부로부터 수분이 증발되어 불완전한 수화반응 및 다공질 조직으로 되기 때문에 극단적으로 강도가 저하될 수도 있으므로 양생은 매우 중요한 요소인 것으로 보고되고 있다.

결론적으로 달나라의 환경은 급변하는 엄청난 온도변화, 없는 공기와 물, 엄청난 방사능 등으로 자연상태로는 도저히 살 수 없는 환경이다. 가령 콘크리트로 월면기지 혹은 호텔을 건설한다 해도 달나라라는 특별한 호기심은 만족할 수 있을지 모르겠지만 생활 그 자체는 유배된 감옥과 같은 여건일진대, 과연 엄청난 돈을 들여 달나라를 건설하고 또한 달나라로 여행할 필요성이 있을까? 하는 회의감이 드는 것이 솔직한 심정이다.

| 제4장 |

레미콘 품질관리 및 연구 관련

1

고양이한테 생선을 맡기다

우리말 속담에 '고양이한테 생선을 맡기다'라는 말이 있다. 즉 고양이한테 생선을 맡기면 고양이가 생선을 먹을 것이 뻔한 일이란 뜻으로, 어떤 일이나 사물을 믿지 못할 사람에게 맡겨놓고 마음이 놓이지 않아 걱정함을 비유적으로 이르는 말이다. 비슷한 말로는 '고양이 보고 반찬가게 지키라고 한다' 또는 '도둑에게 집 지켜 달라고 한다'라는 등으로도 표현되는 경우도 있지만, 근본은 어리석음과 지혜를 알려주는 속담으로 해서는 안 되는 일을 일컫는 말이다.

출처 : www.kiasportage.net/s001/8396975

그림 4.1 고양이한테 생선을 맡기다

그런데 현재 우리나라 레미콘 인수검사에서도 이와 비슷한 일이 가끔 존재하여 이를 소개하여 시정을 기대해 보고자 한다.

먼저, 레미콘 인수검사의 경우 주문한 레미콘이 건설공사현장에 도착하면 주문한 제품이 맞는지에 대하여 검사를 진행한다. 그 방법으로는 감각적인 판단으로 전반적으로 재료분리 없이 작업하기 좋은 콘크리트인지를 살핀 다음 문제가 있으면 타설을 중지하고 시험검사를 실시하여 품질의 결함이 확인된 경우에는 반품 조치한다. 감각적인 전수검사로서 이상이 없는 것으로 판단되면 정해진 품질단위(lot)로부터 정상적인 품질관리를 진행하는데 배출되는 레미콘으로부터 전반, 중반, 후반의 3회 이상으로부터 시료를 채취하여 혼합한다. 시험검사는 굳지않은 콘크리트와 굳은(경화) 콘크리트로 나누어 진행되는데, 굳지않은 콘크리트에서는 슬럼프, 공기량, 염화물량 및 기타(온도, 단위용적질량, 단위수량 등 배합사항)가 있고, 경화 콘크리트에서는 압축강도가 주가 된다.

그렇다면 이와 같은 여러 가지 실험은 누가 수행하는가라는 것이다. 감독자, 감리자는 실험에 입회할지라도 주체는 아니다. 시험검사의 주체는 역시 레미콘을 주문한 사람으로 직영공사는 건축주일 것이고, 도급공사는 원도급자(일반건설업체)가 진행해야 마땅하다. 그런데 유감스럽게도 직영공사는 건축주가 건설관련 전문가가 아닌 경우가 많아 할 수 없고, 도급공사는 경우에 따라 귀찮은 일이고 책임의식이 결여되다 보니 레미콘사 품질관리실 직원에게 실험을 의뢰하고 본인은 사진기만 들고 기록으로만 남기기 위해 열중하는 모습을 자주 본다.

이는 고양이한테 생선가게를 맡기는 격이 아니고 무엇이겠는가?

그림 4.2 레미콘 차로부터 시료채취

따라서 레미콘사 품질관리실 직원의 일부는 슬럼프치나 공기량이 작게 나오면 크게 되도록 하고, 크게 나오면 작게 되도록 변칙을 동원하기 마련이다. 그렇다면 불량인 콘크리트가 걸러지지 않고 그대로 타설되는 사례가 발생하게 되는 것이다.

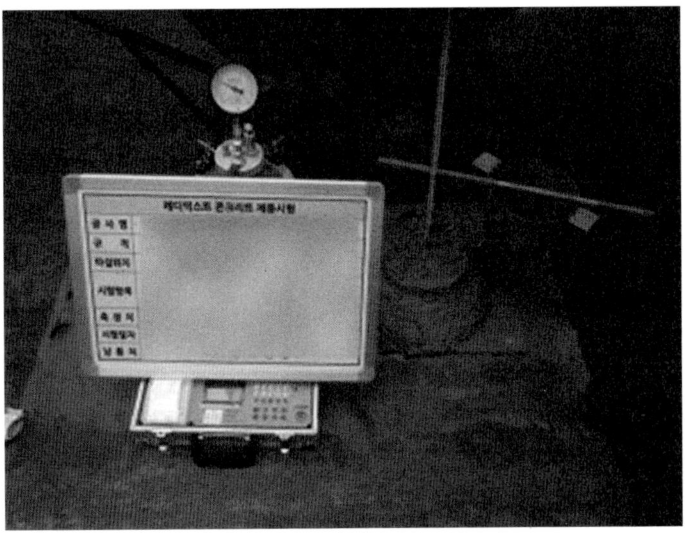

그림 4.3 레미콘 품질시험

경화 콘크리트의 압축강도인 경우도 마찬가지이다. KS 표준에 맞춰 제작된 콘크리트 시험체를 건설공사현장 실험실에서 20±2℃로 유지된 물속에서 28일간 양생한 다음 건설공사현장 실험실 압축강도 시험기로 감리·감독자 입회하에 강도시험하여 합격 혹은 불합격을 판정하는 것이 원칙이다. 그러나 일부 건설공사현장에서는 공시체 제작부터 레미콘사 직원에게 부탁하고, 감독적인 입장에서 서명한 종이도 넣는다고는 하지만 레미콘사가 양생한 다음 공인시험기관에 시험·의뢰하여 공인성적서를 받아서 합격 혹은 불합격을 판정하는 경우도 있다. 물론 대다수의 레미콘사는 원칙적으로 문제가 없는 경우가 대부분이겠지만, 그렇지 않은 경우는 그야말로 고양이에게 생선을 맡기는 경우가 된다.

그림 4.4 압축강도 시험

대표적인 예가 앞부분에서 기술한 '망하거나 아니면 사기다'와 같이 2배 이상 큰 압축강도가 보고되는 경우가 있고, 전국적으로 1회(3개 공시체의 평균값)의 시험결과가 호칭강도보다 작은(85% 이상이면 문제 없음) 결과가 통계학적으로 4% 정도 되도록 배합설계함에 따라 그 정도는 존재하는 것이 기본인데, 우리나라는 통계학이 통하지 않을 정도로 거의 0%에 가깝게 완벽함이 보고되고 있다(허위일 수 있음).

한술 더 떠서 일부 학자들은 현실에서 일어나는 여러 가지 상황은 전혀 이해하지 못하고 그저 결과값으로 나타난 데이터만을 보고, 현행 시방서라든가 KS 규격을 수정하여 실무에서 너무 크게 나오는 강도를 조정해야 하는 것이 아니냐고 하는 어처구니없는 주장을 하는 것도 들은 적이 있는데, 참으로 애처롭기 짝이 없는 상황이다.

따라서 결론을 내리자면 모든 일은 정상화하는 것이 답이다. 레미콘 수입검사에서 시험검사에 필요한 장비, 공간 및 인원을 충분히 갖추고 레미콘사 및 감리자 입회하에 레미콘을 주문한 사람이 직접 시험하고 검사하여 합격·불합격을 판정하고, 그에 따른 올바른 조치를 취하는 것만이 '고양이한테 생선을 맡기는' 것으로부터 벗어나는 일이 아닐까 싶다.

2

콘크리트의 품질신속 평가법

우리가 옷과 같은 어떤 물건을 살 때는 색상이고, 감촉이며 사이즈 및 품질 등을 꼼꼼히 따져보고 구매를 결정한다. 어찌 보면 당연한 일일테지만 그렇지 않은 것이 있어 의아해할 수 있는데, 그것이 콘크리트, 즉 상품적인 측면에서는 레미콘이다. 당연히 레미콘을 구입하는 사람은 전문가로서 한두 푼도 아닌 아주 큰 금액을 지불함에도 불구하고 꼼꼼히 따져보고 레미콘을 받아들여야 할텐데 그렇지 않은 것이 현실이다.

출처 : tvN드라마 도깨비14회의 한장면

그림 4.5 옷가게에서 옷 고르기

물론 굳지않은 상태에서 질기에 해당하는 슬럼프, 공기량, 염화물량 등은 일정한 주기마다 실험한다고는 하지만 가장 중요한 재료분리 정도를 포함하는 워커빌리티는 정성적인 성질로 주관적인 요소도 포함되어 있어 어렵기는 하지만 별로 신경쓰지 않는 경우가 많아 안타깝게 느껴진다.

압축강도의 경우도 굳지않은 상태로 레미콘이 현장에 도착하다 보니 즉시 압축강도를 확인할 수 있는 방법을 적용하기에는 어려움이 있는 것이 현실이다. 따라서 필자는 박사학위논문으로 굳지않은 상태에서 물리, 화학적인 방법으로 강도 조기추정법을 제안하기도 하였지만 적용하는 예는 거의 없고, 굳지않은 상태에서 공시체를 제작한 다음 28일간 기다렸다가 강도시험을 해야 알 수 있는 것이 현실이다. 그저 레미콘사의 양심을 믿을 수밖에 없는데 신뢰성이 없는 경우도 발생하여 공사중이던 건설물을 철거하는 등 가슴 아픈 일도 아주 가끔은 발생하는 경우가 있다.

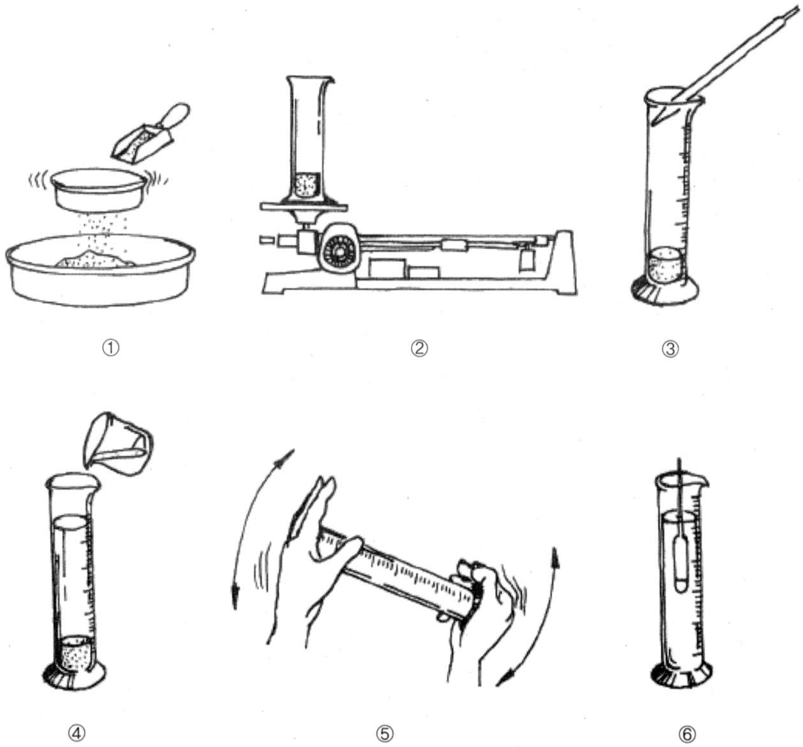

그림 4.6 콘크리트 품질신속 평가

더욱이 깜깜이 품질시험검사는 레미콘사에서 실시하는 원자재의 인수검사에 존재한다. 시멘트, 고로슬래그 미분말 등에도 문제가 없는 것은 아니겠지만, 화력발전소에서 부산물로 발생하는 플라이애시(Fly ash)를 예로 들어본다.

출처 : db.cvinfo.co.kr/kr/

그림 4.7 플라이애시 운반 탱크로리 트럭

플라이애시는 화력발전소 부산물을 정제공장으로 싣고와 원분을 풍력으로 선별하는데, 멀리 날아가는 가벼운 미립자(세립분)만을 모으는 정제방법으로 정제하여 25 ton 탱크로리 트럭으로 싣고 레미콘 공장으로 보내온다. 당연히 레미콘 공장에서는 플라이애시의 품질을 확인하고 받아들이는 것이 원칙이겠지만, 플라이애시 정제공장에서 가져다주는 성적서만을 보고 품질의 양호 여부를 판단한 다음 받아들인다. 물론 플라이애시 정제공장에서 가져다주는 제품은 KS 마크를 달고 오는 것이므로 정부가 품질을 보증하는 것이니 믿고 쓰라는 것이기는 하지만, 얼마 전 언론보도에 의하면 소위 차갈이(정제를 하지 않고 차만 바꿔 싣는 방법)가 적발되어 보도된 적도 있어 찜찜하게 느껴진다.

출처 : MBC NEWS

그림 4.8 플라이애시 언론보도 사진

또한 본인의 연구실에서 실험 연구한 결과에서도 한 달간 납품받은 모두의 시료가 안타깝게도 정제를 한 것이기 보다는 원분일 확률이 높다는 결과도 얻은 바 있다.

품질은 저품질일지라도 차라리 일정하기만 하면 나을 수도 있는데, 이 또한 변동이 크다면 레미콘 생산품의 품질은 어찌하란 말인가? 아마도 현재 우리나라 레미콘에 근무하는 품질관리 담당자는 귀신과 같다고나 할 수 있지 않을까 싶다. 즉 저품질 자재에 그것도 품질변동이 매우 심한 상태에서 기가 막히게 레미콘 수요자가 요구하는 품질을 만들어 출하한다고 하니 이는 귀신도 놀랄 일이 아니고 무엇이겠는가!

따라서 필자는 원자재 인수검사에서 모든 품질 규정 항목을 시험하는 것은 인력과 시간이 많이 걸리므로 곤란하고, 최소한도로 분체재료인 경우는 분말도만이라도 차를 세워둔 채로 10분 이내에 신속하게 판단할 수 있는 액체 밀도계 방법을 제안하고 있다. 비용적으로도 10만 원 미만으로 메스실린더와 액체 밀도계를 구입할 수 있다.

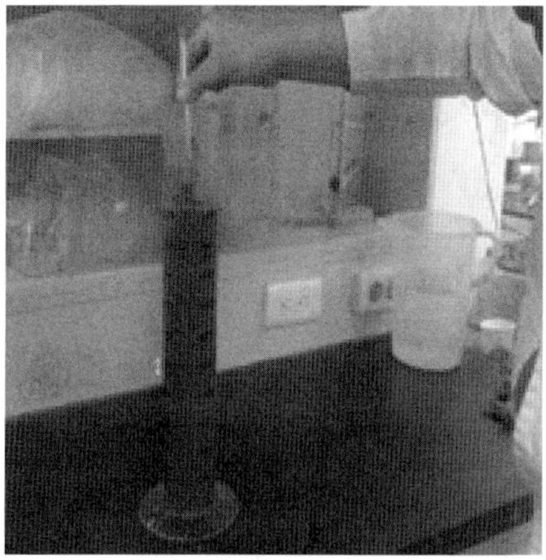

그림 4.9 분말도 신속평가 모습

물론 수요보다 공급이 부족한 상태에서는 까다롭게 인수검사하면 공급업체에서 공급을 해주지 않는다고 나올 수도 있어 걱정이 안 되는 바는 아니지만, 그래도 물건을 사는 사람이 품질에 결함이 있는 것을 그냥 받아들인다는 것은 문제가 아닐 수 없다.

정 그렇다면 품질 실태만이라도 정확히 파악하여 이번에 납품된 것이 유난히도 나쁜 것이라는 것을 알고 있다면 배합을 바꾸거나 혹은 혼화재 사용량을 조정하는 등 대책이라도 세울 수 있지 않을까?

아무튼 불량한 품질의 분체계 원자재로 말미암아 만들어진 레미콘 제품에 결함이 생겼더라도 원자재 납품업체에 한마디 이의 제기도 못하고 모두 다 레미콘업체가 책임지는 현실을 지켜보고 있노라면 그저 애처롭기 짝이 없다.

분체계 원자재 품질의 신속평가법 제안과 관련한 기술적 자료는 별도로 필자 등이 발표한 연구논문을 참조하기 바란다.

3

건설안전은 품질로부터

인체의 장기 중 간에 이상이 발생하면 눈이 노랗게 되는 황달과 얼굴이 검게 되는 현상이 나타난다. 이와 같은 증상의 환자가 병원에 오게 되면 의사의 진단 및 치료는 당연히 간에 대한 원인을 진단하고 원인에 따르는 치료를 해야만 황달을 고치고 검은 얼굴도 해결될 수 있는 것이다. 잘못된 진단으로 황달을 치료한다고 안약을 넣고, 검은 얼굴을 치료한다고 두껍게 파운데이션을 바르게 한다면 올바른 치료가 될 수 없다는 것은 두 말할 필요가 없는 일이다.

건설공사와 관련하여 크고 작은 사고가 발생하면 언론에서는 언제나 안전불감증 문제를 제기하곤 한다. 와우 아파트 붕괴, 우암상가 아파트 화재 붕괴, 성수대교 붕괴, 삼풍백화점 붕괴에 이르기까지 일련의 예가 그것이다.

출처 : 경향신문사/1993년 1월 07일

그림 4.10 우암상가 아파트 화재 붕괴

그러나 본질적인 해법은 안전불감증이라고 지적하는 것은 황달이라고 하는 결과의 문제 혹은 최종 사건의 문제인 것이고, 중요한 것은 간의 질병치료와 같은 품질 문제로부터 출발해야 한다는 것을 알아야 할 것이다. 물론, 기하급수적으로 국가경제가 발전하는 과정에서는 일부 품질 결함의 문제를 감수할 수밖에 없었던 상황도 있을지 모르겠지만, 이제는 GNP 2만 달러를 넘어 3만 달러 시대에 있고, 전 세계 건설을 리드하는 단계에 이르렀으며, 학문적으로도 어느 정도는 확립될 단계까지 이르렀다고 생각되는데, 아직도 크고 작은 품질 문제가 계속 발생하고 있지만 언제나 안전문제에 가려져 시공 당시의 품질문제가 제대로 해결되지 못하고 있으니 안타깝게 느껴진다.

출처 : jsy2125.tistory.com/32

그림 4.11 삼풍백화점 붕괴

특히 안전문제는 빙산과 같아 문제시되는 것은 노출된 일각인 것처럼 보이지만 실제 그 안쪽에는 더 큰 품질문제들을 안고 있는 경우가 많다. 예로서 콘크리트와 관련한 실무현장에서는 강도, 내구성 보다는 시공성 향상을 우선시하는 것으로 현장에 반입된 레미콘에 다양한 방법으로 물을 타는 가수행위가 아직도 이루어지고 있는데, 막상 기술자들은 가수행위를 모르고 있으며, 물을 타지 않는다고 굳게 믿고 있는 것이 더 큰 문제이다. 또한 구조체의 강성보다는 표면의 미관만을 중시하여 잔골재율을 크게 관리하는 잘못된 배합설계, 균열이 발생한 경우 원인을 찾아 재발을 방지하는 노력이 중요한데, 이것보다는 빠른 시간 내에 감쪽같이 때우는 것에만 관심을 기울이고 있는 현장상황을 보면 안타깝기 그지없다.

출처 : m.post.naver.com

그림 4.12 빙산의 일각

문제가 되는 것을 문제인줄 알고 있는 것은 개선될 수 있다. 그러나 문제가 있음에도 문제가 있는 것조차 모르는 일은 영원히 개선될 여지가 없기 때문에 걱정스러운 것이다. 빠른 시간 내에 콘크리트 품질을 올바르게 이해하고, 관리하며, 검사함으로써 대형사고로는 연결되지 않을지라도 이제는 더 이상 안전불감증 문제로 오인받지 않도록 품질 문제를 근본적으로 해결하는 시기가 왔다고 생각된다. 부디 콘크리트 관련 전문가들의 이해와 분발을 진정으로 기대해 본다.

4

포항 지진의 진면목과 향후 대책

2017년 11월 15일 오후 2시 29분 31초에 진도 5.4의 지진이 경상북도 포항시 흥해읍 남송리에서 발생하였다. 1978년 우리나라 지진관측 이래 2016년 경주지진(진도 5.8)에 이어 두 번째로 큰 규모였지만, 역대 가장 많은 피해가 발생하였다.

지진에 따르는 피해상황으로는 한동대학교의 경우 철근콘크리트조 외벽에 붙여쌓은 벽돌이 떨어져내리는 피해가 발생하였고, 경상북도 교육청 내에서만 99개교에서 균열 등 크고 작은 피해가 접수되었으며, 많은 필로티 구조물의 기둥에 커다란 균열이 발생하여 붕괴 위험이 있는 등 물적으로 많은 피해가 있었다.

출처 : 남승우 기자/[포항지진] '생기 잃은' 한동대, 학생들 "짐 두고 몸만 급히 나왔다"/천지일보/2017년 11월 18일

그림 4.13 한동대학교 외벽 붕괴

따라서 많은 피해를 조사하고, 안전한 사용 여부를 판단하는 데에 많은 전문가가 필요하다고 학회나, 각 협회에서는 자원봉사자를 모집한다는 소식을 접하게 되었다.

필자의 경우는 그저 콘크리트 재료의 품질관리만을 연구하는 사람으로 내진전문가는 아니므로 그저 흘려보내려고 했지만 그래도 궁금함은 참을 수가 없었다.

그림 4.14 점심식사 후 영덕에서의 포즈

2017년 8월 24일 혼자는 심심하고 아내와 함께 승용차를 운전하여 영덕에서 점심을 먹고 포항시 흥해읍으로 향하였다. 언론보도에서 엄청난 피해상황을 보도하였음에 흥해읍에 도착하면 모든 건물이 엄청난 피해가 있을 것이라고 상상하였다. 그런데 이게 어찌 된 일일까? 아내에게 주변을 잘 보라고 하고 운전을 하여 흥해읍을 지나왔는데도 아무런 피해를 감지하지 못하였다. 이번에는 승용차를 다시 돌려 흥해읍 읍내를 돌아 읍사무

소까지도 돌아 보았다. 흥해읍 사무실 화장실에 들렀더니 기둥과 보로 이루어진 라멘조구조 중 구조체에는 문제가 없는 것으로 보이고 칸막이벽으로 벽돌을 쌓은 곳에 균열이 있었고, 화장실 타일도 일부 떨어짐이 있었다.

연구실 박사 제자로 지진 피해를 주로 진단하고 보수·보강하는 나와 동년배인 제자에게 전화를 걸었다. 이곳을 왔다갔는지 물었더니 지난주 1주일 상주하다가 서울에 일을 보기 위해 잠시 들렀다고 하였다. 그래서 전반적인 상황이 어떠하더냐고 내가 물었다. 그런데 대답은 의외로 화가 난다고 대답했다. 한결같이 피해를 입은 건설물은 불량설계, 부실공사 및 유지관리가 잘못된 곳에서 피해가 발생했다는 것이다. 내가 돌아본 모습의 소감과도 같았다.

출처 : 포항 지진으로 붕괴된 필로티 구조 건물의 기둥/온라인 커뮤니티 캡처

그림 4.15 필로티 기둥 붕괴

건설관련자와 관계없이 지진 피해를 입어 고통받는 분들에게는 그저 죄송하게 느껴지지만, 내가 낸 비싼 세금을 결국은 잘못된 설계 · 시공 및 유지관리되어 발생한 곳에 퍼부어 준다는 느낌인 것이다. 또 일부 언론의 보도자료에 의하면 필로티(Pilotis) 건물에 시스템적인 구조에 문제가 있는 것처럼 보도되고 있다. 그러나 내가 돌아본 중에 필로티 구조도 아무런 피해 없이 멀쩡한 건축물도 있었다. 문제는 부실하게 설계 · 시공 및 유지관리된 건축물이 지진에 취약한 것이지, 필로티구조라고 하여 다 지진에 취약한 것은 아니다.

출처 : 위키피디아/한국스포츠경제/www.sporbiz.co.kr

그림 4.16 필로티 주택

대개 주택가의 건축물은 1층에 주차장을 두고 2층 이상에 주택을 설계하다 보니, 필로티구조로 설계하기 마련이고, 6층 이상일 때 건축구조기술사의 확인이 필요하니 5층 이하로 건축사가 구조설계까지 담당하고 있는 것이 현실이다. 물론 구조기술사가 보기에 건축사가 설계한 일부에는 구조적으로 문제가 있다고 하고, 또한 건축시공도 일반 건설업 등 전문건설업체가 아닌 소위 집장사(본인이 살 것으로 허가를 받아 집을 짓고는 팔아넘기는 형태)가 집을 짓다보니 부실공사로 이어지는 경향이 크다는 것이다. 수긍이 가고, 의미 있는 주장이라고도 생각된다.

그림 4.17 공사 도중 붕괴

그러나 늘 그렇듯이 이럴 때면 제도를 바꾸어야 한다고 생각하며 영역 확대를 추구하는 쪽으로 목소리를 높이는 것 같아 뒷맛이 씁쓸하게 느껴진다. ○○단체에서는 현행 6층 이상을 3층 이상으로 바꾸어 구조전문가가 설계에 관여해야 한다고 하고, □□업체에서는 직영공사의 범위를 줄여서 도급공사로 함으로써 전문가의 시공을 넓혀 부실공사를 방지해야 한다고 한다.

의미 있는 지적으로 모르는 바는 아니지만 필자의 소견으로는 설계부터 시공, 유지관리에 이르기까지 품질 확보에 대한 노력의 문제가 더 중요한 것이 아닌가 싶다. 설계과정의 구조계산 문제라면 허가관청 공무원의 구조검토 능력을 향상시키면 부실설계를 줄일 수 있을 것이고, 건축시공과정에서는 현행 감리자의 역량을 강화하여 설계도면대로 공사를 진행하고 있는지, 사용재료의 품질은 확보되고 있는지를 매 단계마다 확인토록 하고, 유지관리체계도 철저히 규정에 맞춰 관리할 필요가 있다.

필로티 기둥 일부에 띠철근 간격이 설계와 다르고, 기둥에 주철근의 연결이 불량하거나, 벽에 2중 배근이 단배근으로 되어 있는 경우 및 콘크리트강도가 설계기준강도에 미달되고 있는 등 현실의 문제는 구조기술사가 설계에 관여한다고, 일반건설업체가 시공한다고 하여 크게 좋아질 것으로 보여지지 않는다.

현 단계에서는 품질 불감증 문제를 불식시키고, 남의 집을 짓는 경우도 내 집을 짓는 것처럼 원칙과 규정을 철저히 지켜 시공하는 의식구조로 바뀌어져야만 가능해질 것이다.

시공 완료 후의 사후관리에 있어서도 잘못된 것이 발견될 경우에는 반드시 그 문제를 일으킨 자에게 책임이 따르게 하여, 규정을 지키지 않으면 모든 것을 잃게 된다는 준법정신 함양이 가장 바람직한 대책이 아닐까 싶다.

특히 앞에 지적한 건설공사의 품질에 대한 문제는 현행 제도권 중의 건축품질시험기술사 혹은 토목품질시험기술사를 적극 활용하는 부분도 검토해봄직하다. 1995년 삼풍백화점 붕괴사고 시 품질문제가 중요함에 따라 만들어진 기술사제도인데, 초창기는 인원이 적어 활용할 수 없다는 이유였지만, 현재는 1,000명 전후로 많은 수의 인원이 배출된 것으로 알고 있으므로 시공기술사의 보조적 역할일 뿐 활용대책이 없는 상황에서, 적절한 품질시험 및 검사와 관련하여 효율적인 운용방안 검토가 요구되는 시점이라 할 수 있다.

5

갑(甲)을(乙)관계 문제

우리가 계약서를 작성할 때에는 그림 4.18과 같이 주체측은 갑(甲), 상대방은 을(乙)로 하여 작성한다. 어떤 계약서이든지 대부분은 갑과 을은 대등한 관계에서 체결한다고 하지만, 실제 내용을 들여다보면 그렇지 않은 경우가 많다.

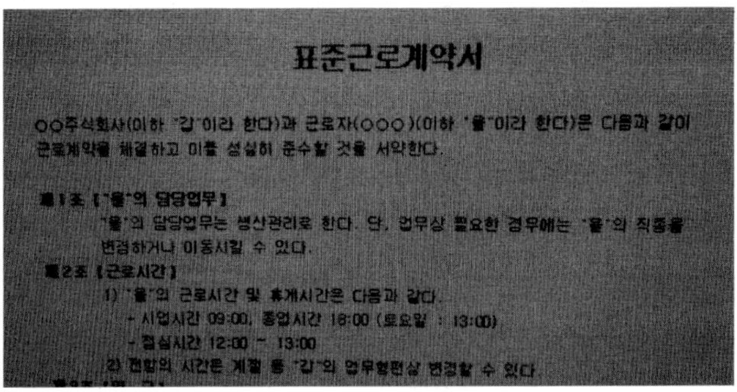
표준근로계약서

○○주식회사(이하 "갑"이라 한다)과 근로자(○○○)(이하 "을"이라 한다)은 다음과 같이 근로계약을 체결하고 이를 성실히 준수할 것을 서약한다.

제1조 【"을"의 담당업무】
"을"의 담당업무는 생산관리로 한다. 단, 업무상 필요한 경우에는 "을"의 직종을 변경하거나 이동시킬 수 있다.

제2조 【근로시간】
1) "을"의 근로시간 및 휴게시간은 다음과 같다.
- 시업시간 09:00, 종업시간 18:00 (토요일 : 13:00)
- 점심시간 12:00 ~ 13:00
2) 전항의 시간은 계절 등 "갑"의 업무형편상 변경할 수 있다.

그림 4.18 계약서의 일례

갑과 을의 관계를 알기 쉽게 풍자한 것으로 오래 전 케이블 TV 방송사의 그림 4.19와 같은 코미디 프로그램 중 '갑과을'이라는 한 장면이 생각이 난다. 즉 옷가게 주인(갑)이 중국식 음식점에 자장면을 주문하게 되는데, 중국음식점 종업원(을)이 음식을 배달해 주고 나니 옷가게 주인(갑)은 면이 불었느니, 맛이 없느니, 단무지는 왜 안 가져 왔느니 하며 불만·폭언과 아울러 구타까지 일어나면서 중국음식점 배달원(을)을 괴롭힌다.

잠시 시간이 지난 후 이번에는 중국음식점 종업원(갑)이 그 옷가게에서 기웃기웃하다가 옷을 고르면서 갑·을이 바뀌어 이번에는 옷이 작으니, 크니, 무늬가 안 맞는다는 등 각종 불만을 늘어놓으면서 이번에는 옷가게 주인(을)을 동일한 방식으로 폭언과 아울러 구타까지 하면서 보복하는 반전 장면이 연출되어 폭소를 자아내게 하였다.

그림 4.19 코미디빅리그「갑과을」중에서

건설업의 경우도 물론 다양한 갑을관계가 존재한다. 즉 최초 건설공사를 착수하는 단계에서 발주자는 갑, 그 건설공사를 맡아 진행하는 수주자(원도급자)는 을이 되고, 또한 공사를 진행하는 과정에서 원도급자는 갑, 원도급자로부터 전문공사별로 하도급을 받아 공사를 진행하는 전문건설업체는 을이 된다. 또한 레미콘의 경우는 공사 수급자인 원도급자가 갑이 되고, 레미콘 납품자는 을이 된다.

그런데 이와 같은 경우 갑과 을의 관계에서 을이 불이익을 당하면서도 말하기 힘든 경우는 실질적으로 무궁무진하게 많다. 그러나 먹고 살기 위해서는 어쩔 수 없이 비정상적인 수많은 경우를 당하고도 참고 인내하며 견디는 수밖에 없는 것이 현실이라 아무도 말을 하지 못한다. 이와 같은 마당에 굳이 정년을 앞둔 교수입장에서 이런 말을 해야 하나? 하는 고민도 되지만, 이번 기회가 아니면 언제 할까? 또한 무엇보다도 이와 같은 현상은 우리나라 건설물의 품질로 나타나는 문제이고 보니 조금이라도 시정을 바라는 입장에서 입을 열 수밖에 없다. 다만, 이하의 내용은 주변의 많은 레미콘 관계자의 불만을 들어 기술하는 것인 만큼 충청도식 표현으로「아니면 말고」라고 하는 꽁무니 하나는 빼놓고 시작한다.

먼저, 레미콘을 현장에 납품하였을 때 레미콘의 품질을 확인하는 '품질관리담당자'의 신분에 관한 것부터 살펴보자. 건설공사의 품질은 무엇보다도 최우선이고 제일 중요한 일로서 품질관리 담당자의 신분은 명확하고,

충분한 보수를 주어야 한다.

그러나 우리나라의 많은 건축공사인 경우는 그렇지 않다. 즉 신분은 불안정하고, 보수는 적은 임시직이 담당한다고 한다. 대부분 품질시험기관에 계약을 맺고 그곳 소속의 파견된 직원 혹은 현장에서 임시로 채용한 기간제 직원이다. 그런데 매일매일 계속되는 품질관리업무는 건설사 입장에서는 단순작업으로 귀찮은 일이므로(사실은 그렇지 않음) 돈도 싸게 하여 임시직으로 떼어냈지만, 레미콘 납품자 입장에서는 이들이 슈퍼 갑이 되는 것이다.

공연한 트집을 잡아 레미콘 품질결함으로 몇 대의 레미콘을 되돌려 보내면(회차) 레미콘사는 경제적 타격이 이만저만한 일이 아닌 것이다. 그렇다 보니 임시직으로 급료도 싸고 일부의 경우는 부정직한 거래가 레미콘사와 맺어지게 되어 어지간한 레미콘 결함은 전혀 걸러지지 않게 된다.

그림 4.20 레미콘 품질검사

일례로 일본의 경우 출하된 레미콘이 품질결함으로 회차된 비율은 약 2~3% 정도나 되어 이를 활용하는 방안을 고민하는데 비하여, 우리나라는 품질결함으로 회차하는 비율이 0.1% 이하라고 하는 현실을 보면 짐작할 수 있는 상황이 아닌가?

또한 이와 같은 실상은 콘크리트 표준시방서에 한 개의 공구에는 한 개의 레미콘사 제품만을 쓰도록 규정하고 있지만, 최소 3개에서 많게는 10개의 레미콘 사를 돌아가며 타설하는 사례이며(그렇게 할 수밖에 없는 이유도 있지만, 리베이트 문제와 관련이 있다고도 함), 현장실험실에서 실험해야 할 실험을 레미콘사에게 시험비를 전가하는데, 그것도 특히 임시직이 소속되어 있는 품질시험기관으로 가능한 많은 것들을 의뢰토록 하는 사례 등이 있다.

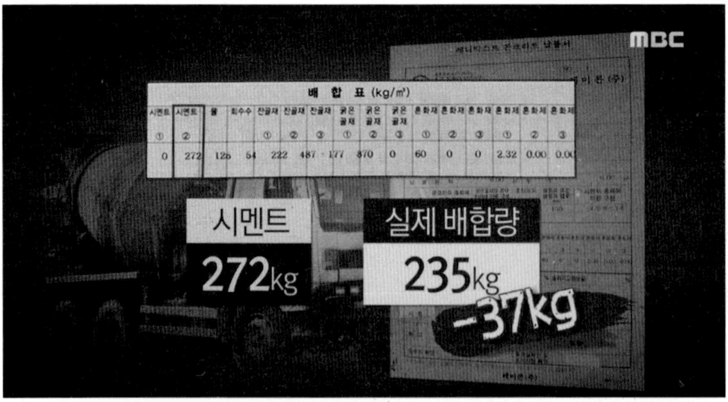

출처 : MBS뉴스

그림 4.21 이중 프린트 문제

이의 파급효과는 레미콘사에도 영향을 미친다. 즉 좋은 재료를 사용하고 최적의 혼합비율로 레미콘을 생산하여 납품하는 것이 품질검사에서 불합격되는 것도 막고 올바른 방향이겠지만, 납품 시 품질검사는 다른 방법으로 해결되었으니 이번에는 품질에 결함이 있는 저품질 원재료를 가능한 저렴한 한 가격으로 구입하여 좋지 못한 레미콘을 만들어 현장에 보급하게 될 수밖에 없는 것이다. 그렇다 보니 전국적으로 몇 년전 문제가 되었던 이중 프린트 문제가 현재에는 과연 해결이 되었는지 의문시 되고 있고, 송장과 다른 제품, 예로 슬럼프의 경우 180 mm 같은 120 mm 갖다 달라는 요구나, 호칭강도의 경우 송장은 24 MPa로 하고, 실제는 21 MPa로 가져오라는 요구(그 차액은 별도처리) 등도 발생하는 경우가 있다고 한다.

이외에도 레미콘 반입 시에는 무료로 신호수 지원요청, 현장바닥이 질어 곤란한 경우는 골재요청, 바닥청소 및 펌프카 세척용으로 물차요청, 선송 모르타르 요청 등이 있고, 기타 인간적인 관계로 회식초청, 경조사초청 등도 있는 등 개선의 여지는 많다.

결론적으로 우리나라도 이제는 GNP가 향상되어 선진국이 되었으면 당연히 해결될 것들이 아직도 남아 갑을관계에서 소위 갑질이 만연하고 있는 것이 현실이다.

따라서 이와 같은 문제는 자유경쟁을 유도하고, 자유롭게 제도를 선택하는 것으로는 해결하기 어렵고, 제도상으로 이를 뒷받침 해주어야 개선이 될 수 있다. 따라서 갑과 을이 정말로 대등하기 위해서는 일본이 시행하고 있는 공동판매제도(공판제도)를 도입해야만 확실하게 품질을 확보할 수 있을 것이다. 또한, 품질관리담당자는 외주업체 직원 혹은 현장에서 임시로 채용된 임시직원이 되어서는 안 되고 원도급 건설사의 정규직이어야만 한다는 규정이 제정되어야 문제시되는 현장타설 콘크리트의 품질확보 문제도 정상적으로 되살아나게 될 것이다.

6

레미콘산업의 치킨게임

용어사전에 따른 '치킨게임(Chicken game)'의 정의로서, 우선 치킨의 의미는 '닭' 또는 '닭고기'란 의미로 많이 알려져 있다. 그러나 치킨게임에서 치킨이란 비속어로서 '겁쟁이'라는 의미로 쓰이는 것이다. 따라서 치킨게임이란 겁쟁이 게임인 것인데 어느 한쪽이 양보하지 않을 경우 양쪽이 모두 파국으로 치닫게 되는 극단적인 게임이론이다. 두산백과사전에 의하면 치킨게임은 국제정치학에서 사용하는 게임이론으로 표 4.1과 같이 설명하고 있다.

표 4.1 치킨게임의 사전적 설명

국제정치학에서 사용하는 게임이론 가운데 하나이다. 1950년대 미국 젊은이들 사이에서 유행하던 자동차 게임의 이름이었다. 이 게임은 한밤중에 도로의 양쪽에서 두 명의 경쟁자가 자신의 차를 몰고 정면으로 돌진하다가 충돌 직전에 핸들을 꺾는 사람이 지는 경기이다. 핸들을 꺾은 사람은 겁쟁이, 즉 치킨으로 몰려 명예롭지 못한 사람 취급을 받는다. 그러나 어느 한 쪽도 핸들을 꺾지 않을 경우 게임에서는 둘 다 승자가 되지만, 결국 충돌함으로써 양쪽 모두 자멸하게 된다. 즉 어느 한 쪽도 양보하지 않고 극단적으로 치닫는 게임이 바로 치킨게임이다. 이 용어가 1950~1970년대 미국과 소련 사이의 극심한 군비경쟁을 꼬집는 용어로 차용되면서 국제정치학 용어로 굳어졌다. 그러나 오늘날에는 정치학뿐만 아니라 여러 극단적인 경쟁으로 치닫는 상황을 가리킬 때도 인용된다.

모든 산업의 경우도 마찬가지이겠지만, 고도경제사회로 발전하면 모든 것이 공급과잉 상태에 이르게 된다. 길거리의 빵집이며 커피집도 포화상태가 되어 과다경쟁이 문제가 되는 것처럼, 레미콘산업도 포화상태가 되어 과다경쟁이 발생하는 것은 당연한 일이다. 따라서 민주주의사회에서 담합의 경우는 공정거래법 위반으로 처벌받게 되므로 어느 산업, 어느 직

종, 어느 지역이든 치킨게임이 발생하지 않을 수 없다. 즉 어느 레미콘 사의 경우 박리다매를 표방하며 가격을 저렴하게 하여 물량을 확보하고자 하면, 인근의 경쟁 레미콘사인 경우도 가격 하향 경쟁에 끼어들지 않으면 물량 확보가 되지 않아 고사할 수밖에 없다. 따라서 각 사들은 경쟁적으로 가격을 낮추게 되는데, 그렇게 되면 치킨게임에서 가장 나쁜 결과인 둘이 부딪혀 둘 다 죽게 되는 사태로까지 발생하게 되는 것이다.

지역 충주·제천·단양

제천 레미콘 업계
가격인하 치킨게임

시멘트값 등 원자재가 인상에도
저가 출혈경쟁… 물량확보 치열
건설현장에 이윤 없이 납품
품질저하 등 악순환 우려

제천지역 레미콘업계 출혈경쟁 심화…품질저하 우려

물량확보 위해 저가 납품…투명한 가격 인상 시스템 도입 촉구

출처 : 이형수 기자/제천 레미콘 업계 가격인하 치킨게임/충북일보/2014년 8월 28일

그림 4.22 신문기사

결국 레미콘업계의 치킨게임으로 가격하락에 출혈경쟁이 심하게 되면 결국은 저품질화로 버티기를 하게 된다.

그러나 일반 공산품의 경우 치킨게임에서 가격이 낮아져 저품질 제품이 만들어졌다면 소비자가 즉시 알아채고 외면하게 되고, 혹시 저품질 재료로 만들어진 저급품 때문에 손해를 입었다면 그 피해는 돈을 적게 투자한 소비자가 담당할 것임에 이 다음에는 무조건 저가품을 구입하지 않는 학습효과로 치킨게임은 의미 없게 된다.

그러나 레미콘의 경우는 어떠한가? 우선 눈으로 보아서 레미콘의 저급품 여부를 알 수 있는 사람은 거의 없다. 따라서 레미콘을 구입하는 데에서는 차이를 모르지만, 문제는 거푸집 속에 부어넣고 난 후 한 달이나 일정기간 혹은 건설물이 완성된 지 수 십 년이 지난 후에야 나타난다.

일례로 직영공사 형태 중 소위 집장사 집의 경우는 내 집으로 허가를 내어 집을 짓기는 하지만, 얼마 살지 않고 매각하게 되면 결국 저품질로 건축한 경우 그 피해는 모든 국민 혹은 국가의 몫이 되고 만다. 물론 대규모 건설사에서 건설하는 건축물의 경우도 동일한 불량자재로 건설되었다면 내구성에서도 동일한 문제가 생기게 되어 하자 보증기간만 지나게 되면 고스란히 온 국민이 피해를 보게 되어 결국 국가적으로 손해가 되고 마는 것이다.

출처 : m.blog.naver.com/PostList.nhn?blogId=valleria425

그림 4.23 슬럼화된 아파트 단지 모습(본 사진은 기사내용과 무관함)

따라서 일본의 경우는 레미콘 같은 내구성재이면서 만약에 발생한 품질 결함의 피해가 고스란히 국민들에게 갈 수 있고, 또한 국가적 고정투자의 질이 저하하여 국가적으로 손실된다는 것을 인식하고 오래 전인 1977년부터 공동판매제도(일명 공판제도)를 도입하여 운영하고 있다. 왜 일본 인들이라고 우리가 고민하는 공판제도가 공정거래법 위반이라는 것을 모르고 그렇게 했겠는가?

출처 : kftc.tistory.com/m/2779

그림 4.24 공정거래위원회 건물

결론적으로 레미콘업계에서 발생하는 치킨게임 현상은 레미콘사 간에 죽고 사는 문제만이 아니므로 공정거래라는 미명 아래 방치해서도 안 되는 사안이다. 결국 치킨게임의 결과물은 부실공사를 초래하고 궁극적으로는 국가 투자의 질을 저하시키는 문제이니, 정당한 가격이 지급되면서 확실한 품질을 요구하는 일본의 공판제도와 같은 새로운 제도적 도입이 절실히 필요한 시점이다.

7

얽힌 실타래 풀기

우리의 옛 속담에 '얽힌 실타래는 당기지마라'는 말이 있다. 즉 얽힌 실에 어느 한 부분 혹은 실마리(실의 머리라는 의미)가 보인다고 하여 그 한 부분을 억지로 당기게 되면 처음에는 어느 정도 풀어지는 듯하다가 결국에는 더욱 엉키고 매듭이 강하게 묶여져서 풀기가 더 어렵게 되고 만다. 결국 얽힌 실타래를 풀기 위해서는 실을 당기기보다는 더 느슨하게 한 다음 시간과 인내심을 가지고 실마리에서부터 얽힌 것을 하나 하나씩 풀어가야만 전체적으로 얽힌 실타래를 풀 수 있는 것이다.

출처 : greennotes.tistory.com/entry

그림 4.25 얽힌 실타래

얽힌 실타래 풀기와 관련한 다양한 일상사로는 연애하는 사이의 애정갈등 문제, 졸업을 앞둔 학생의 취업 문제 등이 있고, 국제적인 사항으로는 한일관계 문제, 사드배치 문제와 관련한 한중관계 문제도 있지만, 콘크리트와 관련하여서도 품질관련 문제는 진정으로 얽힌 실타래와 같이 풀기 힘든 문제인 것이다.

최근의 일로 해양수산부의 어족자원 보존과 관련한 EEZ 해사 채취의 어려움과 농림축산식품부 산하 산림청의 산림파괴 방지로 석산골재 허가 축소 등으로 골재자원의 절대량 부족 및 저품질화 문제가 있다.

또한, CO_2 절감대책으로 혼화재료를 다량 사용하도록 하고는 있으나, 미세먼지 대책으로 현 정부에서는 30년 이상 경과한 화력발전소의 발전을 정지시킴에 따른 플라이애시 생산이 적어져 플라이애시 공급량 부족으로 정제되지 않음이 의심되는 저품질 플라이애시의 유통 문제가 제기되고 있다. 레미콘 생산과 관련해서도 최저가납품을 요구하는 것에서 기인하는 저품질 문제, 시공성과 관련한 레미콘의 가수 문제, 호칭강도와 설계기준강도의 구별도 못하는 문제, 갑을관계에 따른 불공정거래 문제, 실제 출하와 다른 이중 프린트 문제, 공시체 바꿔치기 문제, 리베이트 관행 문제 등 일일이 거론하기조차 힘든 무수히 많은 문제가 존재함으로써 마치 얽힌 실타래와 같은 것이 레미콘 품질문제의 현실인 것이다.

그림 4.26 화력발전소 사진

그렇다면 레미콘 품질문제의 얽힌 실타래를 어떻게 풀어야 할 것인가? 앞에서 실을 잡아당기는 것만으로는 얽힌 실타래를 풀 수 없다는 것을 언급한 바 있다. 즉 레미콘 품질문제를 해결하기 위하여 얼마 전 언론보도와 같이 충분히 세척하지 않은 바닷모래를 유통시킨 레미콘업자의 무더기 구속, 불량골재 사용과 관련 레미콘업체 일체 점검에 따른 처벌 문제라든지, 불량 레미콘 납품·묵인 업체 관계자의 무더기 적발 구속 등의 처벌은 일시적으로 효과는 있을지라도 얽힌 실타래를 근본적으로 푸는 것은 아닌 것이다.

출처 : SBS뉴스

그림 4.27 불량 레미콘 납품 무더기 구속

무엇보다 중요한 것은 얽힌 실타래를 풀려고 하는 의지의 문제인 것이다. 그저 관망만 하고 있거나, 언론에 문제시되는 부분만을 땜질식으로 대처하는 것은 실을 잠깐 잡아 당겼다가 놓거나 더욱 조여 놓는 식과 같은 것이다. 가칭 '레미콘 품질향상 종합대책'으로 하여 원자재부터 레미콘 생산, 시공, 검사, 유지관리 및 국가제도에 이르기까지 정부의 국토교통부와 같은 한 부처만이 아닌 기획재정부, 환경부, 해양수산부, 농림축산식품부, 산업통산자원부, 법무부 등 여러 부처가 학계·산업계와 머리를 맞대고 종합대책을 수립한 다음 실마리를 찾아 순차적으로 풀어 나아갈 때 우리나라 레미콘의 품질 불량 문제라는 얽힌 실타래를 풀어낼 수 있을 것이다.

이때 대두될 수 있는 해결책은 무수히 많은 것이 도출되겠지만 그래도 제일 중요하다고 사료되는 몇 가지의 실마리들을 거론해보면 다음과 같다.

첫째로 수요공급 문제를 효과적으로 관리하며 품질을 확보할 수 있는 제도의 도입이다. 일례로 일본이 30여 년 전부터 시행하는 공동판매제도 도입과 같은 것인데, 수요공급이 적절히 관리되고 통제되지 않는 이상 품질문제를 논하기는 곤란한 사항이다. 특히, 레미콘 품질은 일반 상거래에서 고려되는 공정거래와는 달리 국민의 생명과 안전에 직결되는 문제인 만큼 반드시 일반 공정거래와는 다른 각도에서 검토되어야 할 것이다.

출처 : 이동원 기자/"레미콘 생산 사흘만에 재개… 27일 가격 재협상"/중앙일보/news.joins.com/article/7465607/2012년 2월 25일

그림 4.28 레미콘 생산공장

둘째로는 품질검사체계의 재검토이다. 현재 특히 아파트 등 민간인이 주도하는 건설공사의 경우 품질시험검사를 담당하는 직원의 상당 부분은 임시직으로 알려지고 있다. 보수도 저렴하고, 고용도 한시적이며, 책임의식도 적은 체계이다보니 레미콘사로부터의 로비 부분에 관심이 가게 되면 품질시험검사는 정상에서 벗어날 수밖에 없다. 품질시험 관련 종사자를 정규직화하도록 규정을 정비함으로써 품질검사가 분명히 실시되도록 해야 할 것이다.

셋째로는 시방설계를 성능설계로 전환하는 제도 개선이 요구된다. KS 표준 혹은 시방서에 맞는 자재를 구할 수 없는 상황에서 품질을 맞추도록 하는 규제만을 강화하기 보다는 성능목표를 제시하고 성능목표를 달성할 수 있는 방법을 자유화함으로써 자재의 선택이나 접근방법의 다양화를 시도하도록 하는 것이다. 일례로 골재의 경우 현재는 존재하지 않지만 골재를 혼합하여 공급하는 혼합골재 공장에서 2종 이상 4~5종의 다양한 골재원 및 첨가물 등을 혼합하여 이상적인 혼합골재를 만들었다고 할 때 현행 KS 표준에서는 허락되지 않는 실정이다. 따라서 이와 같은 문제는 성능설계 도입이라는 제도적 측면에서 가능성을 열어 놓아야만 기술이 발전하고, 양도 확보되며, 품질도 향상될 수 있을 것이다.

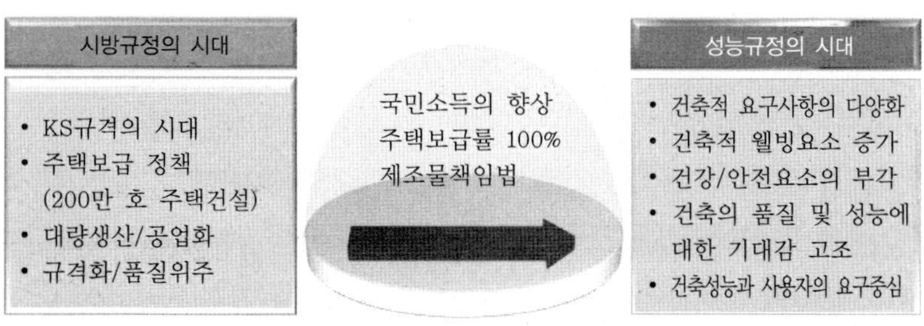

그림 4.29 성능설계와 시방설계

8

우물을 파도 한 우물을 파라

국어사전에 의하면 연구란 '어떤 일이나 사물에 대하여 깊이 있게 조사하고 진리를 따져보는 일'이라고 적혀 있다. 그런데 이와 같은 용어의 정의는 폭넓은 학문 분야의 모든 의미에서는 합당한 말이겠지만, 콘크리트와 관련한 공학적인 관점에서 적어도 내가 주로 다뤄왔던 콘크리트 재료 분야에서는 '일상의 궁금함을 창의적인 아이디어로 지극정성의 노력을 거쳐 과학적인 언어로 풀어내는 것'이라고 좁혀서 정의하고 싶다. 즉 콘크리트 재료 분야의 연구는 일상의 실무에서 불편함, 문제점, 상호관계, 영향 정도 등 궁금한 사항을 남이 하지 않는 범위 및 방법 등의 창의적인 아이디어로 이론적인 고찰, 실험연구 등 지극정성의 노력을 거쳐 사진, 표, 그래프, 회귀식, 모델화 등의 과학적 언어로 정리하여 완성해내는 것이라고 생각한다.

그러나 콘크리트 연구 40년, 이제까지 내가 진행한 연구를 뒤돌아보면 너무 많이 질퍽거리고, 헤매고 다니지 않았나 싶어 쑥스럽게 생각한다. 연구의 경우 깊이는 얕게 폭은 넓게 하는 것도 있는가 하면, 폭은 좁게 깊이는 깊게 하는 경우가 있다.

그러나 그동안 우리나라의 경우는 일제 강점기 36년 이후, 제대로 배워서 학문을 이끌어 갈 수 있었던 사람이 얼마나 있었던가? 내가 대학교 시절 은사 교수님 중에는 일부 학문의 경우 전문대학만을 졸업한 분이 교수직을 하는 경우도 있었고, 전국의 대학교수 중에 박사는 외국에서 유학하

출처 : Good Neighbors(희망tvSBS)

그림 4.30 우물 파는 모습

고 돌아온 몇 명밖에 없던 시절이었다. 물론 내가 모교인 청주대학교에 전임강사로 임용될 때만 해도 석사학위만 겨우 수료하고 박사는 입학도 하기 전이었다. 대학의 교수진이 이러하다보니 학회의 논문이며 학술적 수준도 역시 낮을 수밖에 없었다. 즉 연구 인력도, 연구할 수 있는 돈도, 실험할 수 있는 장비도 없었다. 그렇다보니 연구할 과제는 그야말로 지천이었는데, 설비나 돈이 없으니 치고 빠지는 식의 기초 연구가 대부분이었다. 마침 은사 교수님께서 일본에서 공부하고 오셔서 일본 스타일로 연구를 매우 깊게 진행한 적도 있었는데, 혹자들은 모 교수님은 아직도 그 분야의 연구를 계속하느냐고 빈정대는 식의 말을 들은 적도 있다.

그림 4.31 가마다 교수와 찍은 사진

그러나 이제는 세월이 많이 바뀌었다. 국내에도 많은 연구자가 연구에 참여하게 되었고, 연구비도 충분히 주어지며, 또한 각종 실험장비도 선진외국에 못지않게 갖추어지게 되었다. 그러면 이제부터의 연구는 어찌하여야 할까? 국내 연구자 간에 중복은 어쩔 수 없을 수도 있겠지만 가능한 피하는 것이 좋고, 연구의 깊이도 '우물을 파도 한 우물을 파라'는 속담과 같이 변해야 하지 않겠는가?

1992년도 필자가 박사 후 연수(Post-Doc.)로 1년간 일본 삿포로 시에 있는 북해도대학에서 객원 연구원으로 근무한 경우를 예로 들어 보자. 그 경우가 반드시 모범답안은 아닐지라도 일본이란 나라는 길게 섬으로 이루어져서 최북단인 북해도는 겨울이 길고 추운 특색이 있는가 하면, 최남단인 오키나와는 반대로 여름이 매우 길고 더운 특색이 있다. 따라서 일본 북해도대학 건축재료학 강좌(당시에는 가마다에이지 교수)에서는 거의 모든 연구가 추워서 생기는 콘크리트의 동해에 관한 내구성 연구와 추운 기후 특성을 고려한 한중 콘크리트 시공에 관한 연구뿐이었다. 그것도 내가 있을 때만 해도 그 이전 50년 전부터 동일한 연구만을 계속해 왔다고 한다. 그렇다보니 이런 부분이 궁금하고, 또한 저런 부분이 알고 싶다면 그와

그림 4.32 북해도대학 연구진과 스키장에서

관련된 모든 자료가 서고에 갖추어져 있었다. 연구자로서는 참으로 부러운 일이 아닐 수 없었다. 그러므로 동해, 한중시공에 관해서는 일본에서 1등은 물론이고, 전 세계적으로도 어느 나라보다 뒤지지 않는 연구 성과였다.

우리나라의 경우는 아직도 그 교수 그 연구해? 하는 식과 견주어 보면 너무나 다른 모습으로 앞으로의 연구방향은 수정이 필요할 것으로 생각된다. 부디 우리나라의 연구자들의 방향은 '우물을 파도 한 우물을 파라'는 속담과 같이 많지도 않은 연구자 간에 중복을 피하고, 하나의 주제가 등장하여 유행하게 되면 모두 동일한 분야로 몰리는 것보다 하나의 주제를 놓고 전문연구자별로 안배하여 연구를 진행한 다음, 최종적으로는 하나로 합치는 심도 있고 복합적인 연구방향에 눈을 돌려야 하지 않겠는가?

그림 4.33 연구소의 모습

또한, 연구의 주도권 문제에 관해서도 그렇다. 외국 선진국에 가보면 대규모의 실무 적용에 관한 실용성 연구로는 대부분 기업의 연구소에서 진행하고 있다. 대학에서 진행하는 연구는 이론적인 것, 기초적인 것, 기업과의 협력연구 정도가 대부분이다. 그러나 우리나라의 경우는 어떠한가? 모두 다 그런 것은 아니겠지만, 대기업의 연구소는 세금감면 목적으로 형식만을 갖추고, 주로 외국의 문헌조사라든가 대학과 차별화 없는 연구를 진행하는 경우가 많다. 경우에 따라서는 연구소에서 수익을 창출하라고 내몰리기도 하고, 기업이 어려우면 구조조정 1순위로 연구소가 지목되고도 있다.

어려울수록 연구소를 살리고, 연구소로부터 성장동력을 찾는 것과는 너무나 반대의 모습이다. 대학과의 연구교류도 부족한 실정이다. 한때 턴키심사제도가 있을 때에는 로비의 수단으로 연구가 의뢰되고 있었으니 과연 진정한 산학협력이 이루어지는 것일까?

결론적으로 기업의 기술연구소는 우리나라 미래의 먹거리 창출소이며, 건설현장에서 발생하는 문제를 해결해주어야 하는 곳이다. 아무리 기업이 어려워도 연구소를 손대면 절대로 안 된다. 꾸준히 대학의 연구진과 교류하며 국가적으로 새로운 방향을 창출해야 한다. 학회며, 기타의 연구조직으로 시방서, 품셈, KS규격 등 각종 조직에 기업이 적극 참여하여 국가의 방향을 주도적으로 결정해 나아가야만 한다. 뒤늦게 데몬스트레이션(데모)으로 다 만들어진 것을 고치려는 것보다는 제도를 만들 때 기업체 연구소 등이 함께 관여하여 올바른 방향으로 출발부터 잡아 나아가는 것이 더욱 용이한 방법이 아닐까 싶다.

9

이용당하고도 기쁜 마음?

우리가 가질 수 있는 재산으로는 사법상·공법상의 경제적 가치가 있는 모든 것으로 정의되고 있다. 그러나 알기 쉽게 설명하면 부동산, 현금, 유가증권 등이 있고, 이외에도 지적재산이라는 것이 포함된다. 지적재산(혹은 지식재산)이란 발명, 상표, 디자인 등의 산업재산과 저술, 문학, 음악, 미술작품 등에 관한 저작권을 총칭하는 것이다.

따라서 남의 부동산을 침범해 피해를 주면 안 되는 것처럼, 지적재산에 해당하는 특허라든가, 저술된 책, 논문 혹은 발표 자료인 파워포인트 자료 등 남의 지적재산을 허락없이 혹은 대가없이 무단으로 사용해서는 법에 의해 처벌을 받을 수 있다. 이와 같은 지적재산권은 선진국일수록 엄격하게 지켜지는 경향이 있지만, 후진국일수록 보호받기 어려운 양상을 보이고 있다.

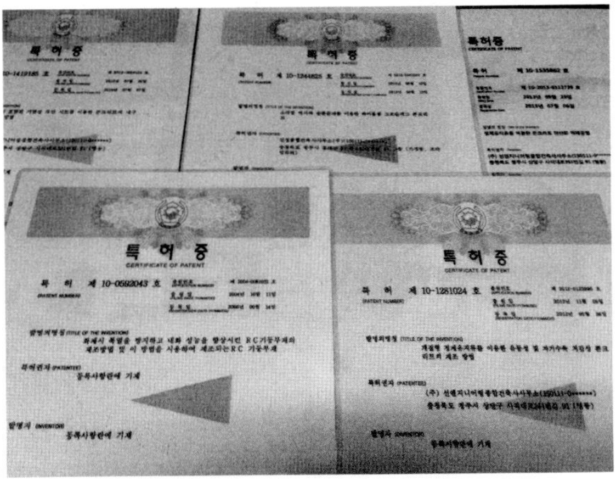

그림 4.34 특허사진

우리나라의 경우도 옛날에는 외국의 책이며 논문 등을 복사·전재 등 활용하면서 허락받지 않고 인용문헌조차 달지 않는 경우도 많이 있었다.

필자가 당한 황당한 경우의 예를 소개해 본다.

35년 전쯤 국가의 모 기관에서 레미콘업체 품질담당자를 대상으로 강의를 부탁받음에 따라 열심히 논문형식으로 강의자료를 만들어 강의를 한 적이 있다. 그런데 몇 달쯤 지났을까, 콘크리트 관련 잡지를 보고 있는데 깜짝 놀라지 않을 수 없었다. 논단 기사에 레미콘업계의 품질관리 담당자 한 분이 내가 기술교육에 작성한 원고와 동일제목으로, 내용 역시 80~90%를 동일하게 하여 게재하고 있는 것이 아닌가?

잡지회사에 전화를 걸어 두 개의 중복된 내용을 표시하여 항의 서한과 함께 우송하였다. 나중에 대답은 전혀 미안한 기색 없이 퉁명스럽게 전화번호를 하나 알려주며 직접 항의를 하라는 것이었다. 이번에는 내 글을 전제한 레미콘 품질관리 담당자에게 전화를 걸었다. 왜 그렇게 했느냐고? 그러나 대답은 간단하였다. 내용이 하도 좋아 다른 논문의 내용 일부를 붙여 투고하게 되었는데, 무엇이 잘못되었느냐고 반문하는 것이었다. 참으로 어처구니없는 일이었다. 이 무렵에는 이와 같은 경우가 자주 있는 일이었다.

그림 4.35 파워포인트 강의

그러나 최근에 와서는 이제 조금씩 조금씩 지적재산권에 대하여 보호를 받게 되는 경향으로 진전되고 있다. 국가적으로도 논문표절로 중요 보직이 위태롭게 되는 사례가 있고, 크리스마스 무렵에는 그렇게 시끄럽게 울려대던 캐럴송도 이제는 들을 수 없게 되었으니 말이다.

필자의 경우 그래도 5년 전까지는 내가 낸 특허, 내가 작성한 논문이며,

책의 그래프, 파워포인트 자료 등의 경우 저작권을 지킨다는 의미에서 매우 폐쇄적이었다. 외부강의가 끝날 때면 으레 파워포인트 자료가 탐이 나니 그 자료 좀 얻을 수 없느냐는 요구가 있었다. 그럴 때는 언제나 매정하게 저작권 문제를 들면서 거절하였다.

그러나 이제 정년을 앞둔 마당에 다시 한 번 더 생각해 보게 된다. 내가 이루어낸 것이 별것은 아니지만 그것을 이용하고 싶다고 하는데, 내가 만약 그것을 허락해 준다면 국가적으로 콘크리트 기술도 발전하며, 연구자는 손쉽게 나의 위치보다 한단계 더 도약할 수 있지 않겠는가? 아! 이제는 재산권을 지키는 것이 부질없는 일이다. 그렇다면 이제부터는 내가 먼저 오픈을 하자. 내가 가지고 있는 강의자료, 파워포인트 자료를 희망하는 사람이면 누구라도 가져가도 좋다. 몇 년 전부터 내 스스로 기분 나빠하지 않고, 아니 기쁜 마음으로, 그것도 적극적으로 가져가라고 하고 있다.

덧붙여서 내가 개발한 신기술이며, 특허도 가능하면 사용하도록 제안하고, 그로 말미암아 우리나라 콘크리트 기술이 한단계 발전되고, 품질도 한단계 향상되기를 진정으로 기대해 본다.

그림 4.36 연변대 특강 모습

10

오야붕과 꼬붕

폭력 드라마나 영화를 볼 때 주로 등장하는 언어로써 '오야붕(親分 : おやぶん)'과 '꼬붕(子分 : こぶん)'이란 단어가 있다. 일본어에서 유래된 말로서 '오야(親)'란 '친할 친'이기도하지만 '어버이'란 말로 쓰인 것이고, '꼬(子)'란 '아들 자'로서 아들을 의미하는 것이다.

따라서 이와 같은 용어의 본래 의미는 가족적 경영을 특징으로 하는 일본식 기업사회에서 부모의 부분과 아들의 부분을 구분짓는 말을 의미하는 것에서 유래된 것이다. 그러나 폭력 영화에서 '오야붕'이란 조직의 두목으로 우두머리란 말로 쓰이고 있는 것이고 '꼬붕'은 부하라는 뜻으로 사용된 말인 것이다. 영화에서는 '시다바리'라는 말도 나오는데 이는 下働き(시다바다라키)가 변해서 된 말로서 아래에서 일하는 사람, 아랫사람, 조수라는 뜻이다.

일본의 경우 오랫동안 사무라이{侍(시)}정신이라고 하는 무사도(武士道)가 근간을 이루는 경우가 많은데, 이와 같은 것은 일상생활에서부터 많은 것에 영향을 미친다. 따라서 콘크리트와 관련한 연구에서도 예외가 될 수 없으므로 어느 정도는 우리가 배울 점도 있어 소개해 보고자 한다.

출처 : m.cafe.daum.net/gumisinbudong/3xtg/29?

그림 4.37 사무라이정신

본인이 오래 전 일본에서 1년간 연구원 생활을 할 때 때마침 고유동 콘크리트라는 연구가 시작될 무렵으로, 동 과제에 대하여 일본 전국에서 진행되었다. 먼저 일본 제일 상위의 교수가 소위 '오야붕'이 되어 연구를 책임 맡고, 각 지역별로 특수성이 있는 교수 혹은 기업 연구자가 '꼬붕'이 되어 함께 연구를 체계적으로 진행하는 것이었다. 동경대학 모 교수가 책임을 맡고, 북해도대학 모 교수는 겨울철 동해 및 한중시공, 모 대학, 모 기업은 어떤 부분의 어떤 연구 등을 구체적이고 상세하게 나눈 다음 연구가 종료되면 「고유동 콘크리트 시공지침 및 동해설」이라는 학회기준으로 종합본이 만들어지는 것이다.

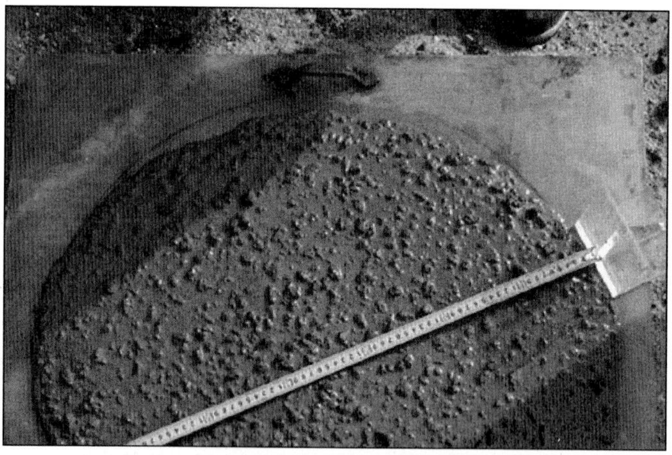

그림 4.38 고유동 콘크리트

이렇게 되면 연구의 중복에 의한 예산낭비를 막을 수 있을 것이고, 연구에서 누락되는 부분도 없을 것이며, 또한 그것들을 모두 정리하여 국가의 지침이며 해설 등으로 출판하게 되면 실무 관계자가 효율적으로 참조하여 제대로 활용하게 되지 않겠는가?

우리나라 같으면 새로운 분야의 연구라면 혼자 독식하듯 연구를 진행할 뿐 협업은 찾아보기 어려운 경우가 많다. 그렇다 보니 당연히 자기가 감당할 수 있는 영역 밖에 손을 대지 못함으로써 소위 수박 겉핥기 식의 연구가 되고 마는 경우가 있어 아쉬움이 따른다.

그림 4.40 수박 겉핥기

최근 우리나라의 경우에도 이와 같은 문제를 해결하기 위해 연구단을 꾸려 비슷한 요령으로 접근하고는 있지만 연구범위에 따른 조직 분배 문제며 결과물의 최종 정리에 아쉬움이 남는 경우가 있어 일본의 오야붕, 꼬붕 체계가 참고가 되었으면 하는 바이다.

11

애가 애를 보게 해야

내 연구실에는 언제나 많은 대학원생과 학부생이 있다. 따라서 일도 많고 돈도 많이 소요된다. 그렇다면 나의 경우 기본적인 강의 이외에 학회 참석, 외부 특강, 기업체 기술지도 등 많은 외부 일과 학부 졸업논문, 석·박사 학위논문지도 등 내부 일 및 춘·추계 학술발표논문, 국내·외 메인 논문 및 잡지의 연재기사 등의 연구 관련 일과 아울러 연구비의 복잡한 정산처리 등을 나 혼자의 힘으로 모두 해결하는 것은 불가능한 일이었다. 따라서 나는 특별한 방법으로 연구실을 운영하지 않으면 안 되었다.

첫째로는 조직의 힘을 이용하는 것이다. 연구실 풀타임 박사과정과 같은 최고위 연구생에게 팀장을 임명하고 성실한 학부 혹은 석사과정 학생에게 총무를 임명한다. 따라서 연구실의 모든 연구며 행사 등은 이와 같은 조직체계 하에 움직이게 하였다. 그러나 조직이 커짐에 따라 실험자재를 사오고 돈 문제를 정산하는데 학생의 신분으로는 한계를 느꼈다. 따라서 최근에는 사회인 경리 경험자인 주부를 오후 1시부터 5시까지 4시간 근무 조건의 아르바이트로 도움을 받고 있다.

그림 4.40 2018 연구실 정기총회 사진

둘째는 철저한 임무 부여였다. 연구를 수주하여 진행하는 데에는 반드시 정·부의 책임자를 두어 연구계획서 작성에서부터 연구수주, 연구진행, 연구보고 및 정산에 이르기까지 그들 손에서 책임지고 해결하도록 하였다.

이외에도 연구실 홈페이지 관리, 연구실 도서관리며, 실험일지 작성 등과 아울러 실험용 중요장비에는 장비별로 책임자를 정하여 그 일만큼은 분명히 행해지도록 임무를 부여하였다.

셋째로는 철저한 확인·관리였다. 일반적으로 건축을 공부하는 사람, 특히 계획·설계 분야의 사람들은 야행성인 경우가 많다. 우리와 같은 재료·시공을 연구하는 사람은 그럴 필요가 없는 데도 유유상종이라고 했던가 밤을 새워 일하다 보니 낮에는 통 학생들을 볼 수가 없었다. 이렇게 해서는 의사전달도 안되고 확인도 안 되는 상황이었다. 그래서 내가 도입한 연구실운영제도는 아침 9시에 조회를 실시하는 것이다. 모든 구성원은 아침 9시까지 와서 조회에 참석해야 한다.

제일 먼저 출석체크를 하고, 전날 이루어진 일에 대한 보고가 이루어진 다음에, 오늘 할 일에 대한 논의 후 실천사항을 결정하는 것이다. 이와 같은 조회는 매일 이루어지는데, 특별한 사항이 있어 내가 진행하지 못한 경우는 팀장이 진행한다. 특히 일주일의 주말인 토요일에는 종합조회이다.

일주일 동안 일어난 일에 대한 정리가 이루어지고, 실험장비에 대한 종합점검이 있으며, 다음 일주일 및 한 달간 신경써야 할 주요업무를 점검하고 방향을 결정하게 되는 것이다.

그림 4.41 연구실 아침조회 모습

넷째로는 자금관리의 투명화이다. 내가 아는 모 교수는 연구비를 직접 관리하면서 폼나게 학생들에게 회식을 시켜준다든지 하는 관리를 직접 하는 것을 본 적이 있다. 밥을 아무 대가없이 얻어먹는 학생이라면 정말 고마워하겠지만 실험진행, 보고서 작성 등을 하고 얻어먹는 경우는 본인 노력에 비하여 보상이 적다는 등 불만이 있고, 그렇지 않음에도 불구하고 교수가 많은 돈을 떼어 먹는다고 의심을 하게 된다.

그래서 내가 채택한 연구실 자금관리는 학생에게 모든 것을 맡기는 것이다. 그리고 나의 기본 철학은 절대로 그 돈에 손을 대지 않는 것이다. 내가 살아가는 것은 내 봉급이면 충분하다. 내 각오 및 행동이 그렇게 되면 학생들에게 신뢰를 얻을 수 있고, 어떠한 어려운 상황도 극복할 수 있다.

즉 연구실이 경제적으로 어려우면 학생 스스로 절약하기도 하고, 여유가 있으면 회의를 거쳐 활용도를 찾아가기도 하는 것이다. 물론 가능하면 연구생들에게 충분히 보상이 되게끔 하는 것은 기본이다.

출처 : babytree.hani.co.kr/?document srl=31686172

그림 4.42 시골에서 애들 노는 모습

결국 연구실 운영도 기업과 같은 것이고, 또한 가정과도 같은 것이다. 그런데 갑자기 옛날의 일이 생각난다. 나의 부모님 세대들은 자식이 보통 4~5명, 많으면 10명 정도도 되면서 농사일이며 가족의 대소사 등 모든 일을 원활히 처리하였다. 그런데 그때 그 많은 아이들을 어떻게 보았을까? 해답은 중요한 일은 부모가 해결해주겠지만, 소소한 일의 대부분은 큰 애가 작은 애를 보는, 즉 애가 애를 보는 방식으로 해결하였다. 우리나라의 학교 교육체계도 일본의 일부대학 연구실의 교수, 조교수, 조수 및 사무원이 한 강좌로 하여 시스템으로 운영되는 것과는 달리 교수 혼자서 모든 것을 꾸려나가야만 하니 오직 답은 아무것도 안하거나 아니면 애가 애를 보는 시스템을 도입하여 많은 수의 연구생을 이끌고 나아가야 하지 않겠는가?

출처 : 픽사베이

그림 4.43 애가 애를 보는 모습

12

내 사랑 콘크리트

2017년 12월 28일 그림 4.44와 같이 인생 65년, 콘크리트와의 인연 40년이란 표제로 중국 연변대학교에서 제자교수의 초청을 받아 특강을 한 적이 있다. 물론 인류역사를 보면 40년이란 시간은 짧은 시간일 수도 있지만, 나로서는 인생의 약 2/3에 해당하는 시간으로 중요한 시간이었음에는 틀림이 없다.

그림 4.44 중국 특강 모습

연구업적에 관해서는 나 자신만의 것이 아니고 비슷한 것도 많으며 부실한 것도 많지만 내 연구실에서의 콘크리트에 관한 연구업적은 금년 한 해로 200편 이제까지를 합산하면 3,000편이 넘게 되었다. 금년 한 해만 보더라도 1년 365일에 200편이라면 2일 이내에 1편이라는 산술인데, 과연 가능한 일인지 의문이 제기될 수밖에 없다. 그러나 나는 해냈다. 따라서 나는 그동안 어떻게 연구실을 운영(경영)했고, 어떻게 업적을 달성할 수 있었는지에 대하여 설명해보지 않을 수 없다.

내가 청주대학교를 졸업하고 모교에 부임할 때는 시절 운은 좋았지만, 어려움이 많았다. 즉 중동지역의 건설경기가 최고 호황기라 국내의 보수보다 2배 이상을 주다 보니 해외로의 수요가 늘어 국내에도 인력이 부족하여 대학에서는 건축공학과가 많이 생길 수밖에 없었다. 그러다보니 지방의 건축공학과 교수는 서울소재 대학교로 이동하게 되었는데, 우리 대학교도 예외가 아니었다. 마침 나는 인천전문대학에서 2년의 교직을 경험하고, 인천대학교에서 1년을 지나 자리를 잡을 무렵, 모교 은사 교수님으로부터 이직과 관련하여 이력서 제출을 의뢰받았다. 그러나 결과는 참담했다.

청주농고학생회장

청주대 졸업

박사학위 수여

그림 4.45 나의 이력

S대, K대, Y대 등 훌륭한 대학도 많은데 왜 이런 사람을 추천하느냐고 하는 것이란다. 청주농고, 청주대학교, 단국대학교 대학원 석사의 학력은 초라한 이력으로 교무처장 선에서 거절되었다고 한다. 할 수 없이 인천에서 뿌리를 내려야겠다고 결심했는데, 6개월 후 이제는 다 되었으니 사표내고 이삿짐 싸서 내려오라는 것이었다. 이렇게 하여 1981년 9월 1일자로 청주대학교에 부임하게 되었다. 훌륭한 사람을 구하려고 무진장 애를 썼지만 지망자가 없어 할 수 없이 채용했다는 것이니 시절 운을 잘 타고난 것은 고마운 일이지만, 보잘 것 없는 이력은 가난으로 장학금을 받기 위해 쌓여진 것이건만 모교에서 이런 수모를 당하다니 만회를 하고 말겠다는 것을 다짐하고 또 다짐을 하였다.

초창기의 어려움이야 소설책을 쓸 만큼 무궁무진하지만 지면 관계상 다음으로 미루고, 현실로 돌아와 연구실을 운영하며 내가 시도한 그간의 경영(?)사항을 소개해 연구업적 달성에 근본이 되는 사항을 소개해 본다.

1) 주변환경

① 어른을 공경한다. → 모교 출신으로 내 은사 교수님은 부모님과 동격이다. 서운하지 않게 철저히 모신다.
② 주위교수들과 원만한 관계를 유지한다. → 점심식사는 동료교수님들과 함께 하는데, 차는 내차로 밥도 내가 산다는 마음을 갖는다.
③ 외부손님을 따뜻하게 대해 준다. → 소문은 외부손님이 낸다. 따뜻한 차 한 잔에서부터 성실히 대해 줘야 나중에 중요한 고객이 될 수 있다.
④ 동종업계의 편이 되어 도와준다. → 세월을 읽을 수 있고 연구의 아이디어도 여기에서 나온다.

2) 내부환경

① 학생을 진심으로 사랑한다. → 연구실이 화목해야 만사가 해결될 수 있다.
② 못난 놈도 내 자식, 잘난 놈도 내 자식이니 고르지 말고 가능한 많이 모으도록 한다.
③ 학생 스스로 해결능력을 갖도록 능력을 길러준다. → 교수가 하는 것이 쉽고 빠를 수 있지만 인내를 갖고 능력을 길러줘야 연구업적이 배가 된다.
④ 애가 애를 보는 지혜를 이용한다. → 연구실 팀장, 총무 등 조직을 갖추고 시스템으로 움직이게 해야 한다.
⑤ 졸업 후 학생 취업은 반드시 책임지는 자세를 갖는다.
⑥ 졸업생 선·후배 간의 유대관계를 만들고 관리·유지한다.

3) 연구환경

① 학생이 콘크리트에 관심을 갖도록 흥미를 유발한다.
② 연구테마는 가능한 실무와 연결시킨다.
③ 연구비는 학생들 몫이다. 절대로 손대지 않는다.
④ 남는 돈이나, 이익이 나면 철저히 학생에게 돌려준다.
⑤ 오전 9시에는 조회를 한다. 학생과 소통하고 철저히 챙기기 위함이다.
⑥ 연구와 관련된 것은 기록으로 남겨둔다.
⑦ 좋든 안 좋든 버리지 말고 가능한 모두를 논문으로 완성한다.
⑧ 가끔은 막걸리 한 잔을 나누면서 학생들과 진정어린 대화를 나눈다. 그렇게 되면 학생에게서 더 많은 공감을 얻어낼 수 있다.

4) 기타

① 강의 중에 복장은 반드시 정장을 하도록 한다.
② 학생 강의에는 언제나 존댓말을 사용한다.
③ 개강 첫날, 종강 마지막 날까지 1분 1초도 빼먹지 않는다.
(결강에 대한 보강은 물론이다.)
④ 당연히 선택된 교재는 첫 페이지부터 마지막 페이지까지 진도를 나간다.
⑤ 가능한 교육은 시청각 교육으로 효율을 높이고 철저히 실무와 연결시킨다.
⑥ 부부관계며 자식교육을 올바르게 유지하여 모범적인 가정을 꾸리도록 최선을 다한다.

결과적으로 1년에 연구업적 200편과 콘크리트와의 인연 40년에 연구업적 3,000편은 다음과 같다.

표 4.2 2017년 논문집계

① 4학년 졸업논문 학생 20명 지도	
· 학부 졸업논문 :	20편
· 시공기술대전 논문 :	20편
② 석사과정 풀타임 대학원생 7명	
· 봄 학술발표대회	
7명×10편/인당 :	70편
· 가을 학술발표대회	
7명×10편/인당 :	70편
③ 박사논문, 학회지논문, 국제논문	
기타 :	20편 이상
합계 :	200편 이상

※ 연구업적 3,000편

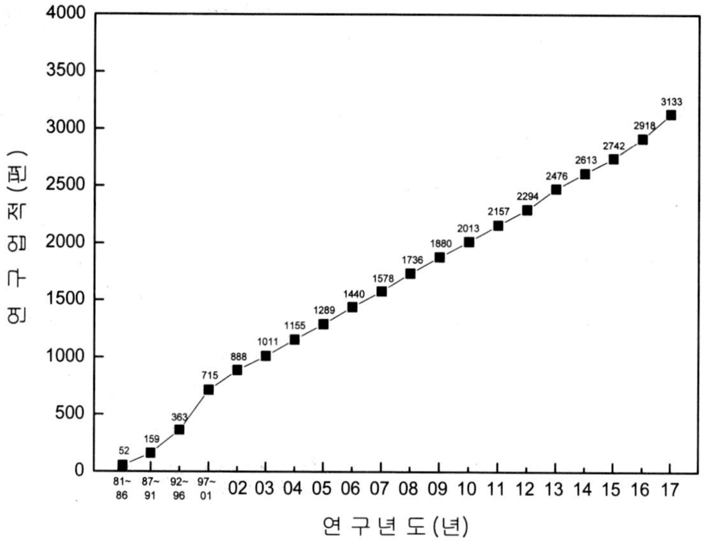

그림 4.46 연구업적 집계

결론적으로 콘크리트와 관련한 연구 40년, 연구업적 3,000편은 학문적으로 많은 것을 다 알 것 같이 남들은 생각할지도 모르겠다. 그러나 나에게는 아직도 모르는 것이 부지기수이고, 더 알면 알수록 더 모르는 것이 많아지는 것이 현실이다. 인생 65년 어떻게 보면 연극에서 1막을 마치는 시점에 서서 이제 곧 2막을 열려고 한다. 2막에서는 모든 것을 훌훌 벗어버리고 또 다른 인생을 사는 사람들도 있다고 한다. 그러나 목숨보다 더 소중한 사랑하는 애인을 버릴 수가 없는 것처럼 어떻게 그토록 사랑했던 콘크리트를 훌훌 떨쳐 버릴 수 있단 말인가?

누가 나를 인생 2막의 직장으로 받아줄지 혹은 어느 제자, 아니면 누가 나를 따라 줄지는 전혀 알 수 없는 일이지만, 그래도 목숨이 붙어 있는 한 '내 사랑 콘크리트'와는 영원히 함께 할 것이다.

내 사랑 콘크리트

2018년 8월 15일 1판 1쇄 발행
2018년 9월 25일 1판 2쇄 발행

저　　자　한 천 구
발 행 인　강 해 작
발 행 처　기 문 당
주　　소　서울시 성동구 무학봉 28길 4-1
전　　화　02)2295-6171(代)~5
팩　　스　02)2296-8188
출판등록　1976. 10. 7(1-44)
홈페이지　http://기문당
　　　　　http://www.kimoondang.com
I S B N　978-89-6225-799-1　93540

정　　가　15,000원